ANÁLISIS DEL DESARROLLO DE COMPETENCIAS DESDE LA ENSEÑANZA ASISTIDA POR COMPUTADOR

DOUGGLAS HURTADO CARMONA

**ANÁLISIS DEL DESARROLLO DE COMPETENCIAS
DESDE LA ENSEÑANZA ASISTIDA POR COMPUTADOR**
Dougglas Hurtado Carmona

© **2011, Copyright de esta edición:**
Dougglas Hurtado Carmona

ISBN: 978-1-257-81753-5

Más Información:

dhurtado@samartinbaq.edu.co
dougglash@yahoo.com.mx
dougglas@gamil.com

AGRADECIMIENTOS

A DIOS todo poderoso.

*A la **Fundación Universitaria San Martín**, especialmente **al Dr. José Santiago Alvear**, y a la **Facultad de Ingeniería (Jorge, Lucho, Horacio, Nelson y Karol).***

A los estudiantes de la asignatura Sistemas operacionales que muy vivazmente, sin saberlo, participaron de este proyecto

AUTOR

DOUGGLAS HURTADO CARMONA

M.Sc. Magíster en Ingeniería de Sistemas y Computación, Ingeniero de Sistemas, Minor en Administración y Seguridad de Sistemas de Información. *Certificación IBM* en Administración de Sistemas de Información. *Diplomados en Investigación Científica, Desarrollo de Aplicaciones para la Web, Seguridad Informática y Computación Forense* y en *Educación y Pedagogía*.

Desde el año 2002 se desempeña como Jefe de Investigaciones de la Facultad de Ingeniería de la Fundación Universitaria San Martín Sede Puerto Colombia, Barranquilla – Colombia.

Conferencista nacional e internacional, con 12 años de experiencia docente Universitaria en las áreas de Programación por Objetos, Estructura de Datos Orientada a Objetos, Teoría de Sistemas, Análisis y diseño de sistemas, Sistemas Operacionales, Compiladores, Bases de Datos, Programación Concurrente y Cliente – Servidor en Java, Desarrollo de aplicaciones para Internet, Seguridad informática, computación forense y planes de contingencia.

Investigador en los tópicos de la Seguridad Informática, Computación Forense, Teoría General de Sistemas y dinámica de sistemas para ingeniería de software y Teoría de Compiladores. Desarrolló las investigaciones *"Análisis del desarrollo de competencias a partir de la utilización de la Enseñanza Asistida por Computador"* la cual recibió Mención Especial en los Premios ACOFI 2007; y *"Metodología para el desarrollo de sistemas basados en objetos de aprendizaje"*. Adicionalmente creador de OSOFFICE, Software Educativo para la enseñanza de Sistemas Operacionales.

Se ha desempeñado como Director de proyectos de desarrollo de software, analista y programador de sistemas, administrador de proyectos de TI, Ingeniero de seguridad informática, en forma independiente ha asesorado a empresas, participando en la construcción de software.

TABLA DE CONTENIDO

1. **ACERCA DEL PROYECTO INVESTIGATIVO** 1
   - INTRODUCCIÓN 1
   - DESCRIPCIÓN DEL PROYECTO 2
     - *Título del proyecto* 2
     - *Resumen* 2
     - *Motivación (Anécdota)* 3
     - *Entidad interesada* 3
     - *Costo y tiempo estimado* 3
   - PROBLEMA DE INVESTIGACIÓN 3
     - *Breve Descripción del Problema* 3
     - *Formulación del Problema* 5
   - JUSTIFICACIÓN 5
   - OBJETIVOS 5
   - HIPÓTESIS DEL PROYECTO 6
     - *Tipo de Hipótesis* 6
     - *Enunciado de la Hipótesis* 6
   - VARIABLES 6
     - *Descripción de Variables* 6
     - *Operacionalización de Variables* 8
   - DISEÑO METODOLÓGICO 8
     - *Diseño Adoptado* 8
     - *Tipo de Investigación* 8
     - *Técnicas de recolección de Información* 9
     - *Población y Muestra* 12
     - *Procesamiento de la Información.* 12
   - DELIMITACIÓN 13
     - *Delimitación Conceptual* 13
     - *Delimitación Temporal* 14
     - *Delimitación Espacial* 14

2. **RESULTADOS DEL PROCESO INVESTIGATIVO** 15
   - PRESENTACIÓN DE LA INFORMACIÓN RECOLECTADA 15
     - *Conformación del grupo GEAO* 15
     - *Conformación del grupo GSEAO* 15
     - *Datos obtenidos por intermedio del instrumento* 16

Datos de Secretaría Académica de la Facultad...	*17*
ANALISIS DE LA INFORMÁCIÓN DEL INSTRUMENTO...	19
Descripción y resumen de datos..	*19*
Calculo de Intervalos de confianza...	*24*
Prueba de Hipótesis..	*27*
ANÁLISIS DE LA INFORMACION DE LA SECRETARIA ACADEMICA...............................	36
Descripción y resumen de Datos..	*36*
Calculo de Intervalos de confianza...	*37*
Comparación de poblaciones..	*40*
CONCLUSIONES Y RECOMENDACIONES...	**44**
BIBLIOGRAFIA...	**45**

Capítulo 1

ACERCA DEL PROYECTO INVESTIGATIVO

INTRODUCCIÓN

En las universidades se transmiten -en el mejor de los casos se construyen- conocimientos sin mostrar la utilidad práctica de los mismos. Esto conduce a que muchos de ellos sean olvidados y, peor aún, nunca sean tomados en cuenta para resolver problemas de la vida profesional.

Por su naturaleza abstracta y de difícil experimentación, algunos temarios no son asimilados en forma apropiada por los estudiantes. Esto genera su desmotivación y una sensación de que los conceptos de quedan "en el tablero" y no son aprovechados en su enfoque práctico, más aún, los estudiantes no captan con facilidad los conceptos que referencia y no se estimula el análisis de los mismos. [Hurtado y Neira, 1995] De hecho, estos estudiantes se ven privados las capacidades que les nutriría a nivel profesional para su mayor desempeño en su campo laboral. Por otro lado, el inadecuado desarrollo de competencias profesionales afecta los estados de ánimo y la autoestima en los individuos cuando se enfrentan a situaciones críticas de índole profesional que repercute en lo laboral y en lo personal.

Una alternativa para contrarrestar estas deficiencias es: usar la informática como apoyo a procesos de aprendizaje ha sido una inquietud que durante mucho tiempo ha sido investigada y probada por muchas personas. Su asimilación dentro de instituciones educativas, incluyendo el hogar, ha aumentado en los últimos años, con lo que la demanda por software educativo de alta calidad es cada vez mayor. [Gómez, Galvis y Mariño, 1998]

Hoy en día se sabe que este uso de la informática se ha masificado y evolucionado junto herramientas que aprovechan las nuevas tecnologías, esto es hablar, en primera instancia, del uso las TICs, **Tecnologías de la Información y de la Comunicación**, en la educación; desde la escuela por radio (bachillerato por radio) pasando por el uso de la televisión con sus programas de refuerzo educativo, hasta llegar a la educación a distancia, las aulas virtuales, educación en línea, lo que se conoce como: Educación virtual.

En una segunda instancia el uso de la informática en la educación se ha especializado dando origen a los llamados objetos de aprendizaje que según [Aproa, 2007] "Un objeto de aprendizaje (O.A.) corresponde a la mínima estructura independiente que contiene un objetivo, una actividad de aprendizaje, un metadato y un mecanismo de evaluación, el cual puede ser desarrollado con tecnologías de infocomunicación (TIC) de manera de posibilitar su reutilización, interoperabilidad, accesibilidad y duración en el tiempo". Es de anotar que la herramienta utilizada para realizar la enseñanza asistida por computador se encuentra constituida por varios objetos de aprendizaje.

El presente trabajo se encuentra dirigido a investigadores, docentes y directivos de las instituciones de educación con el fin de motivarlos a usar la enseñanza asistida por computador, en cualquiera de sus vertientes, en sus cursos; al mostrarles el beneficio que se obtiene en el desarrollo de las competencias de sus estudiantes al usarla.

La presente documentación representa un extracto de los aspectos más importantes de la investigación desarrollada, dicho extracto se presenta de la siguiente manera: primero que todo, su descripción y breve descripción de la problemática, después los objetivos del trabajo, luego los aspectos correspondientes a la hipótesis y los metodológicos; la descripción de la información recolectada, la prueba de hipótesis y su análisis son tratados a continuación; finalmente, se describen los resultados del rendimiento académico y se enuncian las conclusiones y recomendaciones.

DESCRIPCIÓN DEL PROYECTO

Título del proyecto

El presente trabajo investigativo se ha titulado con el nombre de *Análisis del desarrollo de competencias desde la enseñanza asistida por computador.*

Resumen

En el presente proyecto tiene como objetivo calcular la diferencia proporcional en el desarrollo de competencias entre los estudiantes que utilizan la Enseñanza Asistida por Computador (EAO) y los que no. Para ello, se propone la hipótesis que la diferencia proporcional en el desarrollo de competencias entre los estudiantes que utilizan la EAO y los que no, al cursar la asignatura Sistemas Operacionales es del 30%.

De esta forma se define el proyecto como una investigación básica con diseño Cuasi-Experimental y de forma Correlacional, en donde se tomaron 2 muestras de 89 estudiantes, conformando los grupos: GEAO, que utilizó la enseñanza asistida por computador, y GSEAO que no la utilizó. A estos grupos se le aplicó como instrumento un cuestionario y las notas parciales obtenidas en la asignatura. Para obtener los resultados, se evalúa la hipótesis planteada y se compara los grupos conformados en cuanto al desarrollo de competencias y su rendimiento académico.

Palabras claves: Desarrollo de Competencias, Enseñanza asistida por computador, Ingeniería Sistemas Operacionales, Software educativo.

Motivación (Anécdota)

A mediados del año 1999 se gestó, dentro de la Facultad de Ingeniería, una polémica entre dos docentes en relación con la conveniencia o no de utilizar la Enseñanza Asistida por Computador para lograr un mejor desarrollo de desempeño del estudiante al cursar la asignatura Sistemas Operacionales. Debido a esta controversia académica y para demostrar las grandes ventajas que ofrece la computación en la docencia, se decidió realizar el presente proyecto de investigación.

Entidad interesada

La entidad interesada es la Facultad de Ingeniería de la Fundación Universitaria San Martín sede Puerto Colombia de la ciudad de Barranquilla, República de Colombia.

Costo y tiempo estimado

Se estima un costo total de setenta y seis millones trescientos ochenta y seis mil setecientos cincuenta pesos Colombianos con 00 centavos ($ 76'386.750.oo). El tiempo de desarrollo de la presente Investigación corresponde a ocho (8) semestres académico de la Facultad de Ingeniería a partir del segundo del año 1999 hasta el primero del año 2003, que son 128 semanas aproximadamente a partir de la aprobación del proyecto.

PROBLEMA DE INVESTIGACIÓN

Breve Descripción del Problema

En los primeros currículos –corrían los año 1997 al 2003- del programa de Ingeniería de Sistemas de la Facultad de Ingeniería de la Fundación Universitaria san Martín en su sede de Puerto Colombia, utilizaba en menos del 10% de sus asignaturas la enseñanza a partir de la utilización de Software Educativo y/o aplicativo (E.A.O). Lo anterior posiblemente sea consecuencia de las siguientes situaciones:

Carente o inapropiada Integración de la E.A.O. en la cultura de la enseñanza en la institución: Muchos profesores, decanos y directivos tienen nociones muy deficientes del aporte en la enseñanza que representa la E.A.O. "Saben" que sirve porque les llegan las noticias del extranjero, pero no la visualizan como parte de su cultura de enseñanza en la educación superior. Simplemente se contentan con la "idea" que algún día se llegará a utilizarse ampliamente: "Es la Herramienta del Futuro" dicen. [Hurtado y Neira, 1995]

Poco conocimiento de los beneficios en la utilización de una herramienta E.A.O. en la educación superior: Al no integrar la E.A.O. en la cultura de enseñanza, es claro que no se usa, y por consiguiente no existirán planes de capacitación y entrenamiento, además, el fomento desarrollo de proyectos de Software Educativo será nulo, así como nulo es la adquisición de este tipo de herramientas. Con todo lo anterior se hace aún más grande la brecha del desconocimiento de los beneficios educativos de la E.A.O.

Equivocada concepción de lo que es un Software Educativo en relación con su asociación "Gasto" sin utilidad monetaria: La mayor parte de los directivos perciben al software en general, incluido el educativo, como un "objeto o ente abstracto" poco accesible a su entendimiento que representa un gasto más. Por un lado, esta concepción genera un rechazo a lo desconocido, y por otro, un "gasto" que se debe evitar lo más que se pueda. Por consiguiente, los directivos no invierten en este tipo de herramientas ya que "desconocen" el potencial educativo que tienen. [Hurtado y Neira, 1995]

Deficiente infraestructura informática en los centros de cómputo: Así, como el software en mirado como un "objeto o ente abstracto" poco accesible a su entendimiento que representa un gasto más, el hardware es mirado de la misma forma.

Temor directivo a fraudes informáticos: El paradigma "No conozco mucho del tema y me pueden engañar" hace más falible a las instituciones al engaño informático, ya que las personas sin escrúpulos dicen lo que ellos quieren escuchar.

Deficiente cultura informática de las directivas: Las instituciones de educación superior no presentan en su organización puestos de "vice" para la gestión de proyectos informáticos, es entonces, directivos sin experiencia ni cultura informática son los encargados de realizar estas tareas. No hay capacitación del

Falta de contextualización de las asignaturas orientadas a la Utilización de la E.A.O.: Muchas asignaturas del Programa de Ingeniería de Sistemas se quedan "en el tablero" y no son aprovechados en su enfoque práctico, más aún, los estudiantes no captan con facilidad los conceptos que referencia y no se estimula el análisis.

De hecho, los estudiantes de Ingeniería de Sistemas (y de otras profesiones) se ven privados de una herramienta que le nutriría a nivel profesional para su mayor desempeño en su campo laboral. Los conceptos que podrían ser asimilados en mejor forma utilizando software educativo, posteriormente no son utilizados, mal enfocados y poco asimilados.

Finalmente, además de no adquirir las herramientas E.A.O., no se generan motivaciones para el diseño y desarrollo de proyectos de Software Educativo en los estudiantes.

Formulación del Problema

El presente proyecto busca responder el siguiente cuestionamiento:

¿Cuál es la diferencia del nivel de aprendizaje entre de los estudiantes del Programa Ingeniería de Sistemas que al cursar la asignatura sistemas Operacionales por medio de la E.A.O y los que carecen de la E.A.O?

JUSTIFICACIÓN

La presente Investigación pretende en forma exclusiva hallar la diferencia en el nivel de aprendizaje en los estudiantes del Programa Ingeniería de Sistemas de la Facultad de Ingeniería de la Fundación Universitaria San Martín Sede Caribe que utilizan E.A.O. y los que no, así como también sus aspectos asociados.

Lo cual permitirá a directivos, decanos e inclusive profesores, motivar a la creación de una cultura informática dentro de la Institución, así como crear procedimientos para la evaluación y adquisición de Software Educativo; además, generar iniciativas para el diseño y ejecución de proyectos de construcción de herramientas E.A.O. en la facultad. De igual forma, los estudiantes podrán conceptualizar mejor los conceptos y ser utilizados en forma práctica en su desarrollo profesional.

Con la socialización de los resultados obtenidos se pretende que las instituciones, conozcan los **beneficios de la Enseñanza Asistida por Computador** y así creen o mejoren la ***integración de ésta su cultura educativa***.

Además, se pretende cambiar la idea de que el producto software educativo es un gasto, con los hechos concretos de mejorar la calidad de la educación repercutiendo en el prestigio institucional que a su vez se regresa de manera monetaria en otro aspectos como aumento de matícelas, acceso a recursos para docencia e investigación, etc.

OBJETIVOS

El Objetivo General que se pretende cumplir en el presente trabajo se enuncia de la siguiente manera:

Calcular la diferencia proporcional en el desarrollo de competencias entre los estudiantes que utilizan la E.A.O y los que no la utilizan, al cursar la asignatura Sistemas Operacionales en el programa de Ingeniería de Sistemas de la Facultad de Ingeniería de la Fundación Universitaria San Martín sede Puerto Colombia, con el fin de desarrollar estrategias que permitan, en parte, a los docentes utilizar la E.A.O. en su pedagogía de clase, y en parte, a motivar a la generación de proyectos de construcción de Software Educativo.

Con el fin de acometer con el objetivo general anteriormente descrito se deben cumplir las siguientes metas.

- *Definir los tópicos de Sistemas Operacionales que servirá como base para la realización de la Investigación.*
- *Seleccionar un Software educativo y/o aplicativo aplicable al área del conocimiento de Sistemas Operativos definido con el fin de ser utilizado en el proceso del establecimiento de las diferencias de los niveles de aprendizaje de los estudiantes.*
- *Diseñar de los Instrumentos de recolección de Información.*
- *Seleccionar la muestra experimental.*
- *Aplicar los instrumentos de recolección de Información a la muestra seleccionada.*
- *Probar la Hipótesis del proyecto y analizar los resultados con el fin realizar gráficas ilustrativas*

HIPÓTESIS DEL PROYECTO

Tipo de Hipótesis

Teniendo en cuenta que el actual proyecto se encuentra enmarcado en comparar el comportamiento de los estudiantes que utilizan la E.A.O y los que no al cursar la asignatura Sistemas Operacionales, podemos ciertamente afirmar que el tipo formulación de la Hipótesis es de **Diferencia de Grupos.**

Enunciado de la Hipótesis

En el marco del objetivo que se busca con la presente investigación es necesario saber si se puede aceptar la siguiente hipótesis:

H1: *La diferencia proporcional en el desarrollo de competencias entre los estudiantes que utilizan la E.A.O y los que no la utilizan, al cursar la Asignatura Sistemas Operacionales en el programa de Ingeniería de Sistemas de la Facultad de Ingeniería de la Fundación Universitaria San Martín sede Puerto Colombia, es del 30%.*

VARIABLES

Descripción de Variables

Para poder verificar la hipótesis planteada en el proyecto se proponen las siguientes Variables: *Utilización de la enseñanza asistida por Computador y Desarrollo de Competencias*, las cuales se describen a continuación:

Utilización de La Enseñanza Asistida por Computador

La Utilización de la Enseñanza Asistida por Computador representa, como su nombre lo indica, el uso o no de una herramienta computacional como soporte del proceso enseñanza aprendizaje en el programa de Ingeniería de sistemas en la asignatura Sistemas Operacionales del Programa de Ingeniería de sistemas escogida para realizar el experimento.

El comportamiento "causal" o "Influye en" que caracteriza a la variable Utilización de la Enseñanza Asistida por Computador le define su carácter de **Independiente**. Su dimensión es la enseñanza en la Asignatura Sistemas Operacionales en el programa de Ingeniería de Sistemas. Presenta un único indicador denominado **Uso,** toma valores discretos y Booleanos de Verdadero o Falso.

Desarrollo de Competencias

Esta característica describe el estado del Desempeño de los conocimientos, habilidades, destrezas y valores resultado de los procesos de aprendizaje en pro del desarrollo eficaz de una determinada actividad profesional relacionada con los Sistemas Operacionales.

La hipótesis planteada busca hallar la relación entre Utilización de la Enseñanza Asistida por Computador y el efecto que ésta tiene al desarrollar competencias, es por esta razón esta variable se cataloga como **Dependiente** de la Variable Utilización de la Enseñanza Asistida por Computador.

La variable Desarrollo de Competencias presenta tres (3) dimensiones: La Interpretativa, la Argumentativa y la Propositiva. La ***Interpretativa*** enmarcada en alcanzar logros basados en la capacidad de encontrar el sentido ya sea a un texto, de una proposición, de un problema, etc. ***La Argumentativa***, fundamentada en el alcance de logros de orientación a dar razón de una afirmación, articular conceptos y teorías para sustentar, justificar, establecer relaciones, demostrar y concluir. Finalmente, la ***Propositiva*** basada en logros tales como: proponer hipótesis, solucionar problemas y construir alternativas de solución.

En las tres dimensiones la Variable Desarrollo de Competencias presenta un indicador denominado **proporción de aciertos**. Este indicador presenta valores reales entre 0 y 1 que son el resultado de la razón entre número de aciertos correctos y la cantidad de pruebas. La proporción de aciertos determina unas valoraciones cualitativas de la siguiente manera:

- **Deficiente**: Cuando se obtienen menos del 60% de los aciertos. [0%-59%]
- **Aceptable**: Cuando se obtienen entre 60% a 79% de los aciertos. [60%-79%]
- **Bueno**: Cuando se obtienen entre 80% al 90% de los aciertos. [80%-90%]
- **Excelente**: Cuando se obtienen aciertos mayores al 90%. [91%-100%]

Operacionalización de Variables

El proceso de operacionalizar, es decir, las consecuencias empíricas las variables se describen en la siguiente tabla (TABLA 1) teniendo en cuenta sus dimensiones y sus correspondientes indicadores

TABLA 1. OPERACIONALIZACIÓN DE VARIABLES

Variables	Dimensión	Indicadores
Utilización de E.A.O.	Enseñanza en la Asignatura Sistemas Operacionales	Uso
Desarrollo de Competencias	1. Interpretativa	Proporción de aciertos
	2. Argumentativa	Proporción de aciertos
	3. Propositiva	Proporción de aciertos

DISEÑO METODOLÓGICO

Diseño Adoptado

El diseño de la Investigación es **Cuasi - Experimental** ya que deliberadamente se manipula la variable independiente **Utilización de E.A.O** con el fin de observar el comportamiento de la variable dependiente **Desarrollo de Competencias**, además porque los grupos de comparación no son seleccionados al azar ni emparejados, sino que estos grupos ya están formados antes de aplicar el experimento, es decir, son grupos intactos.

Podemos agregar que, la base del experimento es aplicar el instrumento a cursos de una misma asignatura, en donde se utilice la E.A.O. y otros en donde no se utilice en distintos semestres académicos.

Tipo de Investigación

El tipo de Investigación es **Básica** ya que con el presente proyecto se emprende la tarea de obtener conocimientos o principios básicos con el fin de crear un punto de apoyo a la solución de problemas. Además, porque el presente proyecto tiene un fin inmediato teórico.

Por otra parte, basándonos el tipo de experimento, podemos afirmar que el presente proyecto presenta la forma de investigación **Correlacionales** que tienen como objeto mostrar la relación entre variables.

Técnicas de recolección de Información

Técnicas de Recolección de Información Primaria.

La fuente de recolección primaria que se utilizará en el presente proyecto es la **Encuesta** con Modalidad **Experimental** utilizando el Instrumento **Cuestionario**.

Descripción del instrumento utilizado

El instrumento (Cuestionario) se dividió en cinco (5) subáreas temáticas: Fundamentos de Sistemas Operacionales, Administración de procesos, Administración de Memoria, Administración de Archivos y almacenamiento secundario, y Comunicación y control de procesos. Las cuales a su vez se clasificaron el tipo de pregunta según el tipo de competencia a evaluar. El Instrumento es el siguiente:

TABLA 2. INSTRUMENTO DE LA INVESTIGACIÓN

Tema I:
Fundamentos de Sistemas Operacionales
A.Competencias Interpretativas
1. Defina el concepto de Sistema Operacional   2. Nombre la Clasificación de los S.O.   3. Nombre la Estructura de los S.O.
B.Competencias Argumentativas
4. Argumentar la Historia de los Sistemas Operacionales   5. Realizar un cuadro comparativo de los Tipos de Sistemas Operacionales. Dar ejemplos del mercado actual   6. Hallar las diferencias entre la Estructura Monolítica y jerárquica de los Sistemas Operativos.
Tema II:
Administración de Procesos – Planificación del Procesador
A.Competencias Interpretativas
7. Defina el concepto de Proceso   8. Defina PCBs   9. Defina las Colas del sistema   10. Defina los índices de Evaluación
B.Competencias Argumentativas
11. Describa la importancia del concepto de multitarea   12. Describa la importancia de planificar procesos   13. Realizar un gráfico descriptivo de los estados de los procesos   14. Construya un cuadro comparativo que describa el funcionamiento de las políticas FCFS, SJF, Round Robin, por Prioridades, SJF Apropiativo, Prioridades Apropiativo
C.Competencias Propositivas
15. Construir un Método o función que simule el funcionamiento de la política FCFS

16. Construir un Método o función que simule el funcionamiento de la política por Prioridades Apropiativo
17. Halle la mejor planificación, anotando los cambios en las colas del sistema, comparando los tiempo de espera promedio y creando los diagramas de Gantt correspondientes, utilizando los siguientes datos:

Tiempo de Llegada	Proceso	Ciclos de CPU
0	P1	2
0	P2	5
1	P3	4
2	P4	8
5	P5	5
7	P6	4

Tema III:
Administración de Memoria

A. Competencias Interpretativas

18. Defina el concepto de direccionamiento
19. ¿Qué es la Mono programación?
20. ¿Qué es la Multi programación?
21. ¿Cuáles son los conceptos fundamentales de la gestión de memoria contigua?
22. Defina la paginación
23. Defina segmentación

B. Competencias Argumentativas

24. Señale las diferencias entre paginación y segmentación
25. ¿Por qué es importante proteger la memoria?
26. Realizar un cuadro comparativo de las políticas de particiones de tamaño fijo y variable.
27. ¿Cuál es la diferencia entre Fragmentación interna y externa?
28. Describa la importancia de planificar la memoria principal
29. ¿Por qué es importante la memoria virtual?
30. Construya un cuadro comparativo que describa el funcionamiento de las políticas de reemplazo de páginas FIFO, LRU, Óptima y Clock
31. ¿Cuál es la importancia de los Fallos de página?

C. Competencias Propositivas

32. Construir un Método o función que simule el funcionamiento de la política de remplazo de páginas FIFO
33. Hallar la mejor planificación de reemplazo de páginas para las siguientes solicitudes: 2, 3, 4, 2, 5, 6, 5, 3, 6, 7, 8, 9, 2, 5, 7, 6 3, 7. utilizando tres marcos del sistema. Se debe anotar los cambios en los marcos así como los fallos de página.

Tema IV:
Administración de Archivos y Almacenamiento Secundario

A. Competencias Interpretativas

34. ¿Cómo es la estructura de la información?

35. ¿Cuáles son los métodos de acceso a la información?
36. ¿Qué es la asignación de espacio libre?
37. ¿Para qué se controla el espacio libre?

B. Competencias Argumentativas

38. Señale las diferencias entre el acceso directo, indexado y secuencial de la información
39. Realizar un cuadro descriptivo del soporte físico de la información
40. ¿Cuál es la diferencia entre directorio de dispositivo y de archivo?
41. Describa la importancia del árbol de directorios
42. Realizar un cuadro comparativo de los algoritmos de planificación de acceso al disco (FCFS, SSTF, SCAN, C-Scan)

C. Competencias Propositivas

43. Construir un Método o función que simule el funcionamiento de la política acceso al disco SSTF
44. Hallar la mejor planificación de acceso al disco para las siguientes solicitudes: 28, 32, 4, 23, 51, 68, 55, 33, 63, 76, 83, 90, 27, 55, 74, 46 34, 73, utilizando con una posición inicial de 45.
45. Tomando los datos de ejercicio anterior crear un nuevo método de planificación de acceso al disco que tenga menor tiempo de acceso.

Tema V:
Comunicación y control de procesos

A. Competencias Interpretativas

46. ¿Qué es la concurrencia?
47. ¿Qué es un programa concurrente?
48. ¿Qué es una variable compartida?
49. Defina el concepto de semáforos
50. ¿Qué clase se utiliza para realizar programas concurrentes en java?
51. ¿Cómo se comunican los procesos?
52. ¿Cómo se controlan procesos?
53. ¿Qué es la sincronización de procesos?

B. Competencias Argumentativas

54. Señale los problemas de la concurrencia
55. Describa las diferencias funcionales entre variable compartida y semáforo
56. Argumente los principios y ventajas de la concurrencia
57. Describa las ventajas y desventajas de sincronizar procesos
58. Describa la estructura de la ejecución de un hilo o subproceso

C. Competencias Propositivas

59. Genere un modelo - plantilla general de las clases en Java para programas concurrentes
60. Genere un modelo - plantilla general de las clases en Java para variables compartidas
61. Diseñe y construya un programa en Java de un almacén de ventas de computadores en el cual existen "n" proveedores al tiempo que adicionan existencias al inventario entre 1 y 5 equipos y "m" compradores que decrementan las existencias entre 1 y 2 equipos, adicionalmente existe un ladrón que eventualmente roba un equipo.

Población y Muestra

La población la constituye los estudiantes Matriculados en el programa de Ingeniería de Sistemas de la Facultad de Ingeniería de la Fundación Universitaria San Martín. Para calcular el tamaño de la muestra utilizaremos la fórmula para poblaciones finitas o conocidas [Berenson, 1996; pág. 350]:

$$n = \frac{Z^2 * p * q * N}{(N-1) * e^2 + Z^2 * p * q}$$

Donde: n: Tamaño de la Muestra; Z^2: Nivel de confianza; p: Variabilidad positiva; q: Variabilidad negativa; N: Tamaño Población; (N-1): Nivel de precisión; e^2: Margen de error permitido.

Realizando el cálculo con un tamaño de población de 230 estudiantes (Cantidad de estudiantes en la facultad en el Semestre Académico 1999-2) en el programa la mitad para cada población es decir 115, un nivel de confianza del 95% (Z=1.96) y un margen de error del 5%, y con porcentajes de variabilidad negativa y positiva de 50% tenemos:

n = [$(1.96)^2$*(0.5)*(0.5)*115] / [(114)*(0.05)2 + $(1.96)^2$*(0.5)*(0.5)]
n = 110.446/ [0.285+ 0.9604]
n = 110.446/ 1.2454
n = 88.6831

Podemos concluir que necesitamos **89** estudiantes como muestra representativa de cada población.

Procesamiento de la Información

Para el procesamiento de la información se tendrá en cuenta lo siguiente:

1. Los estudiantes matriculados en cada semestre académico para cursar la asignatura Sistemas Operacionales serán tomados como parte de la muestra.
2. El instrumento será aplicado a cada estudiante de la muestra.
3. Se seleccionaran los semestres académicos en los cuales se aplicará la E.A.O. y en los que no. Pueden ser consecutivos o no.
4. Después de obtener los datos se clasificarán y se tabularán en dos grupos según la utilización o no de la E.A.O.
5. Se utilizará el procedimiento estadístico de prueba de hipótesis.
6. Los resultados serán mostrados en forma gráfica.

DELIMITACIÓN

Delimitación Conceptual

La temática a tratar en el experimento hace referencia a los tópicos de Sistemas Operacionales tradicionales en especial a los siguientes ítems descritos en la Tabla 3:

TABLA 3. DELIMITACIÓN CONCEPTUAL

CONCEPTOS BÁSICOS DE SISTEMAS OPERATIVOS [Milenkovic, 1997] [Silberschatz, 2006] [Tanenbaum, 2003]
<ul><li>EVOLUCIÓN DE LOS SISTEMAS OPERATIVOS</li><li>ESTRUCTURA DE LOS SISTEMAS OPERATIVOS. Estructura monolítica; Estructura jerárquica; Máquina Virtual; Cliente-Servidor.</li></ul>
ADMINISTRACIÓN DE PROCESOS [Silberschatz, 2006] [Milenkovic, 1997] [Tanenbaum, 2003]
<ul><li>CONCEPTOS BÁSICOS. Concepto de Proceso. Tipos de procesos. Excepciones.</li><li>EL BLOQUE DE CONTROL DEL PROCESO (PCB). Estado de los procesos. Estados activos. Estados inactivos. Transiciones de estado. Operaciones sobre procesos. Prioridades.</li><li>PLANIFICACIÓN DE PROCESOS. Concepto de planificación. Objetivos. Criterios. Medidas. Algoritmos de planificación. Primero en llegar, primero en ser servido (FCFS). Round-Robin (RR). El siguiente proceso, el más corto (SJF). Próximo proceso, el de tiempo restante más corto (SRT). Prioridad. Próximo el de más alto índice de respuesta (HRN).</li></ul>
ADMINISTRACIÓN DE MEMORIA [Stallings, 2005] [Tanenbaum, 2003]
<ul><li>CONCEPTOS BÁSICOS. Introducción. Direccionamiento. Asignación de direcciones. Jerarquía De Almacenamiento. Monoprogramación. La memoria dedicada. División de la memoria. El monitor residente. Protección de la memoria. Reasignación de direcciones. Intercambio de almacenamiento. Multiprogramación. Protección de la memoria. Particiones contiguas de tamaño fijo. Particiones contiguas de tamaño variable.</li><li>PLANIFICACIÓN DE MEMORIA. Concepto de Planificación. Políticas de Planificación. Paginación. Gestión de la memoria. Rendimiento. Memoria cache. Registros asociativos. Páginas compartidas. Segmentación. Hardware de segmentación. Rendimiento. Sistemas combinados.</li><li>MEMORIA VIRTUAL. Carga por petición de páginas. Reemplazamiento de páginas. Algoritmos de reemplazo. Algoritmo de reemplazo FIFO. Algoritmo LRU. Otros algoritmos. Criterios de reemplazo de páginas. Asignación de memoria. Localidad de los procesos. Frecuencia de falta de página.</li></ul>
ADMINISTRACIÓN DE ARCHIVOS Y ALMACENAMIENTO SECUNDARIO [Silberschatz, 2006] [Milenkovic, 1997]
<ul><li>CONCEPTOS BÁSICOS. Introducción. Estructura De La Información. Soporte Físico De La Información. Registros físicos y lógicos. Directorio de dispositivo. Directorios de archivo. Directorios de un nivel. Directorios de dos niveles. Estructuras multinivel. Arboles de directorios. Otras estructuras de directorios.</li><li>PLANIFICACIÓN ACCESO AL DISCO. Métodos de acceso. Acceso secuencial. Acceso directo. Acceso directo indexado. Asignación de espacio. Control del espacio disponible. Asignación del espacio de almacenamiento. Asignación contigua. Asignación enlazada. Asignación indexada. Algoritmos de planificación. Primero en llegar, primero en acceder (FCFS) Primero el de menor tiempo de búsqueda (SSTF). Exploración (SCAN) Exploración circular (C-SCAN)</li></ul>

Delimitación Temporal

El tiempo de desarrollo de la presente Investigación corresponde a ocho (8) semestres académico de la Facultad de Ingeniería a partir del segundo del año 1999 hasta el primero del año 2003, que son 128 semanas aproximadamente a partir de la aprobación del proyecto.

Delimitación Espacial

La presente Investigación se llevará a cabo en la Facultad de Ingeniería de la Fundación universitaria San Martín Sede Caribe. Km 8 vía a puerto Colombia.

Capítulo 2

RESULTADOS DEL PROCESO INVESTIGATIVO

PRESENTACIÓN DE LA INFORMACIÓN RECOLECTADA

Para poder realizar el experimento se necesitaban dos poblaciones independientes que presentaran, primero, la característica de cursar la asignatura Sistemas operacionales en la FUMS y que una de ellas utilizara la EAO y la otra no, y segundo, contar con Software de soporte a la enseñanza además de las instalaciones adecuadas.

El software seleccionado fue OSOffice 3.0 que aplica para la enseñanza de los Sistemas Operacionales. Los grupos se denominaron GEAO y GSEAO, el primero recibirá la enseñanza asistida por Computador y el segundo no.

Conformación del grupo GEAO

El grupo GEAO se constituyó con estudiantes de distintos semestres académicos como en la Tabla 4 se describe. En el período 2003-1 se seleccionaron al azar la cantidad necesaria para completar los 89 elementos de la muestra.

TABLA 4.   CONFORMACIÓN DE GEAO

Año	Semestre Académico	No. Estudiantes
1999	Segundo	9
2000	Primero	17[1]
2001	Primero	21
2003	Primero	42

Conformación del grupo GSEAO

De igual manera el grupo GSEAO se conforma con estudiantes de distintos semestres académicos. Su descripción se puede observar en la Tabla 5. En el período 2002-2 se seleccionaron al azar la cantidad necesaria para completar los 89 elementos de la muestra.

---

[1] Parte de este salón se ubicó en ambos grupos

16 Análisis del desarrollo de competencias a partir de la enseñanza asistida por computador

TABLA 5. CONFORMACIÓN DE GSEAO

Año	Semestre Académico	No. Estudiantes
2000	Primero	8
2000	Segundo	17
2001	Segundo	8
2002	Primero	23
2002	Segundo	33

Datos obtenidos por intermedio del instrumento

Se aplicó el instrumento a un total de 178 estudiantes, la mitad constituyentes del grupo GEAO y la otra mitad al GSEAO. Las respuestas de los estudiantes del grupo GEAO se describen en la Tabla 6 y el del Grupo GSEAO en la Tabla 7. En estas tablas la columna Est significa el secuencial del estudiante del grupo; Aciertos, es el número de respuestas correctas en el instrumento de 61 preguntas; y Prop. Es la proporción de Número de aciertos sobre el total de preguntas.

TABLA 6. DATOS EN BRUTO DEL INSTRUMENTO GEAO

Est	Aciertos	Prop.	Est	Aciertos	Prop	Est	Aciertos	Prop.	Est	Aciertos	Prop.
1	56	0.9180	23	57	0.9344	45	57	0.9344	67	60	0.9836
2	58	0.9508	24	59	0.9672	46	57	0.9344	68	58	0.9508
3	59	0.9672	25	56	0.9180	47	59	0.9672	69	59	0.9672
4	58	0.9508	26	57	0.9344	48	59	0.9672	70	58	0.9508
5	57	0.9344	27	58	0.9508	49	55	0.9016	71	55	0.9016
6	56	0.9180	28	59	0.9672	50	57	0.9344	72	53	0.8689
7	58	0.9508	29	58	0.9508	51	59	0.9672	73	57	0.9344
8	57	0.9344	30	59	0.9672	52	58	0.9508	74	56	0.9180
9	57	0.9344	31	55	0.9016	53	54	0.8852	75	55	0.9016
10	57	0.9344	32	59	0.9672	54	58	0.9508	76	58	0.9508
11	54	0.8852	33	56	0.9180	55	59	0.9672	77	60	0.9836
12	56	0.9180	34	58	0.9508	56	54	0.8852	78	54	0.8852
13	58	0.9508	35	59	0.9672	57	58	0.9508	79	58	0.9508
14	60	0.9836	36	58	0.9508	58	57	0.9344	80	59	0.9672
15	59	0.9672	37	60	0.9836	59	59	0.9672	81	60	0.9836
16	58	0.9508	38	58	0.9508	60	55	0.9016	82	53	0.8689
17	56	0.9180	39	59	0.9672	61	59	0.9672	83	60	0.9836
18	57	0.9344	40	56	0.9180	62	58	0.9508	84	57	0.9344
19	56	0.9180	41	58	0.9508	63	56	0.9180	85	58	0.9508
20	59	0.9672	42	59	0.9672	64	58	0.9508	86	58	0.9508
21	58	0.9508	43	59	0.9672	65	57	0.9344	87	57	0.9344
22	59	0.9672	44	58	0.9508	66	57	0.9344	88	59	0.9672
									89	59	0.9672

TABLA 7. DATOS EN BRUTO INSTRUMENTO GSEAO

Est	Aciertos	Prop.	Est	Aciertos	Prop	Est	Aciertos	Prop.	Est	Aciertos	Prop.
1	35	0.5738	23	42	0.6885	45	41	0.6721	67	42	0.6885
2	41	0.6721	24	37	0.6066	46	41	0.6721	68	44	0.7213
3	37	0.6066	25	38	0.6230	47	47	0.7705	69	38	0.6230
4	44	0.7213	26	32	0.5246	48	46	0.7541	70	43	0.7049
5	45	0.7377	27	43	0.7049	49	41	0.6721	71	41	0.6721
6	40	0.6557	28	43	0.7049	50	34	0.5574	72	41	0.6721
7	36	0.5902	29	43	0.7049	51	41	0.6721	73	38	0.6230
8	41	0.6721	30	37	0.6066	52	40	0.6557	74	40	0.6557
9	46	0.7541	31	40	0.6557	53	37	0.6066	75	36	0.5902
10	35	0.5738	32	38	0.6230	54	43	0.7049	76	43	0.7049
11	37	0.6066	33	45	0.7377	55	51	0.8361	77	35	0.5738
12	42	0.6885	34	37	0.6066	56	43	0.7049	78	35	0.5738
13	38	0.6230	35	45	0.7377	57	43	0.7049	79	38	0.6230
14	34	0.5574	36	48	0.7869	58	43	0.7049	80	34	0.5574
15	44	0.7213	37	38	0.6230	59	36	0.5902	81	41	0.6721
16	42	0.6885	38	40	0.6557	60	34	0.5574	82	38	0.6230
17	33	0.5410	39	39	0.6393	61	32	0.5246	83	44	0.7213
18	38	0.6230	40	44	0.7213	62	38	0.6230	84	46	0.7541
19	43	0.7049	41	36	0.5902	63	39	0.6393	85	37	0.6066
20	36	0.5902	42	46	0.7541	64	36	0.5902	86	37	0.6066
21	43	0.7049	43	37	0.6066	65	48	0.7869	87	38	0.6230
22	35	0.5738	44	39	0.6393	66	37	0.6066	88	39	0.6393
									89	44	0.7213

Datos de Secretaría Académica de la Facultad

Las notas definitivas logradas por los estudiantes de ambos grupos, GEAO y GSEAO, en la asignatura Sistemas Operacionales de muestran las Tablas 8 y 9 respectivamente. La descripción del significado de cada columna de dichas tablas es:

Estudiante: Es el secuencial del estudiante del grupo
Período: Período Académico en que se obtuvo la nota
Definitiva: Nota definitiva (de 0.0 a 5.0) que obtuvo el estudiante en la asignatura

TABLA 8. DATOS EN BRUTO GEAO NOTAS DEFINITIVAS

Est	Período	Definitiva	Est	Período	Definitiva	Est	Período	Definitiva	Est	Período	Definitiva
1	011	2.80	23	031	4.42	45	031	3.05	67	992	3.74
2	011	4.07	24	031	4.14	46	031	3.17	68	992	3.39
3	011	3.70	25	031	3.39	47	031	3.22	69	992	3.57
4	011	3.42	26	031	4.79	48	031	3.59	70	992	4.49
5	011	4.07	27	031	3.68	49	031	4.24	71	992	3.42
6	011	3.30	28	031	3.29	50	031	3.05	72	992	3.61
7	011	3.93	29	031	3.05	51	031	4.09	73	001	3.48
8	011	3.02	30	031	4.10	52	031	3.25	74	001	3.48
9	011	4.40	31	031	3.46	53	031	3.39	75	001	3.54
10	011	3.30	32	031	3.00	54	031	3.05	76	001	3.54
11	011	3.55	33	031	3.22	55	031	3.06	77	001	3.63
12	011	3.08	34	031	4.94	56	031	3.40	78	001	3.63
13	011	3.38	35	031	3.32	57	031	3.60	79	001	3.66
14	011	4.85	36	031	3.02	58	031	3.20	80	001	3.72
15	011	3.60	37	031	3.22	59	031	3.50	81	001	3.78
16	011	3.90	38	031	3.47	60	031	2.50	82	001	3.78
17	011	4.70	39	031	3.36	61	031	3.10	83	001	3.84
18	011	4.52	40	031	4.27	62	031	2.00	84	001	3.90
19	011	4.70	41	031	3.65	63	031	4.20	85	001	4.00
20	011	3.32	42	031	3.15	64	992	3.50	86	001	4.00
21	011	3.58	43	031	3.64	65	992	3.88	87	001	4.00
22	031	4.30	44	031	4.12	66	992	4.64	88	001	4.23
									89	001	4.46

TABLA 9. DATOS EN BRUTO GSEAO NOTAS DEFINITIVAS

Est	Período	Definitiva	Est	Período	Definitiva	Est	Período	Definitiva	Est	Período	Definitiva
1	002	3.58	23	012	3.14	45	021	3.38	67	022	3.22
2	002	3.60	24	012	3.53	46	021	3.03	68	022	4.15
3	002	3.25	25	012	2.83	47	021	3.08	69	022	3.04
4	002	3.24	26	021	3.30	48	021	3.73	70	022	2.97
5	002	3.00	27	021	3.02	49	022	2.59	71	022	3.10
6	002	3.20	28	021	2.99	50	022	2.70	72	022	3.10
7	002	4.49	29	021	2.99	51	022	4.24	73	022	2.70
8	002	3.43	30	021	1.70	52	022	3.55	74	022	4.00
9	002	3.00	31	021	3.04	53	022	3.05	75	022	2.70
10	002	3.05	32	021	3.46	54	022	3.10	76	022	3.02
11	002	3.78	33	021	2.98	55	022	3.68	77	022	2.22
12	002	3.58	34	021	3.04	56	022	2.46	78	022	3.13
13	002	3.66	35	021	3.32	57	022	3.37	79	022	4.15
14	002	3.18	36	021	3.15	58	022	0.54	80	022	3.04
15	002	3.83	37	021	2.99	59	022	0.00	81	022	4.00
16	002	4.69	38	021	3.32	60	022	3.31	82	001	3.42
17	002	3.69	39	021	3.02	61	022	3.37	83	001	2.88
18	012	3.02	40	021	3.07	62	022	3.00	84	001	2.88
19	012	3.04	41	021	3.61	63	022	3.10	85	001	2.88
20	012	2.95	42	021	3.06	64	022	3.01	86	001	2.98
21	012	3.17	43	021	3.02	65	022	2.22	87	001	3.03
22	012	3.20	44	021	3.98	66	022	3.13	88	001	4.48
									89	001	4.52

ANALISIS DE LA INFORMACIÓN DEL INSTRUMENTO

Descripción y resumen de datos

Los datos obtenidos mediante el instrumento de cada uno de los grupos se le calculó la proporción, su varianza y su desviación estándar, los cuales son resumidos en la Tabla 10. [Berenson, 1996]

TABLA 10. RESUMEN DATOS DEL INSTRUMENTO

Grupo	Total Problemas	Total Aciertos	Proporción Media	Varianza Proporción	Desviación Proporción
GEAO	5429	5119	0.94289924	0.00073363	0.02708555
GSEAO	5429	3555	0.65481672	0.00432655	0.06577649

Otras medidas de tendencias central y de dispersión se detallan en la tabla 11:

TABLA 11. MEDIDAS DE TENDENCIAS CENTRAL Y DE DISPERSIÓN

Grupo	Mediana	Moda	Rango Medio	Rango
GEAO	0.9508	0.9508	0.9226	0.8688 – 0.9836
GSEAO	0.6557	0.6230	0.6803	0.5246 – 0.8360

Mientras la distribución de frecuencias del grupo GEAO se presentan la Tabla 12 y en Figura 1, la distribución de frecuencias del Grupo GSEAO se presenta en la Tabla 13 y Figura 2.

TABLA 12. DISTRIBUCIÓN DE FRECUENCIAS DEL GRUPO GEAO

Valor Proporción	Frecuencia
0.8689	2
0.8852	4
0.9016	5
0.9180	10
0.9344	16
0.9508	24
0.9672	22
0.9836	6

20 Análisis del desarrollo de competencias a partir de la enseñanza asistida por computador

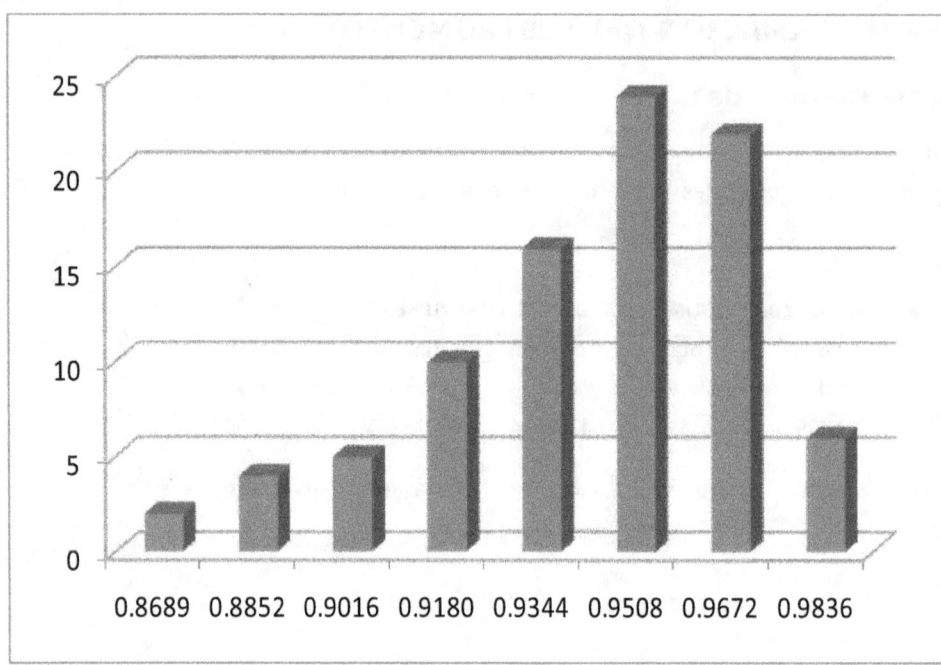

FIGURA 1. Distribución de Frecuencias del Grupo GEAO

De igual forma las preguntas clasificadas en el instrumento como evaluadoras de capacidades Interpretativas (25 preguntas), Argumentativas (25 preguntas) y Propositivas (11 preguntas) fueron clasificadas por grupo calculándose la proporción. (Ver Tablas 14 y 15)

TABLA 13. DISTRIBUCIÓN DE FRECUENCIAS DEL GRUPO GSEAO

Valor Proporción	Frecuencia	Valor Proporción	Frecuencia	Valor Proporción	Frecuencia
0.5246	2	0.6230	11	0.7213	6
0.5410	1	0.6393	4	0.7377	3
0.5574	4	0.6557	5	0.7541	4
0.5738	5	0.6721	9	0.7705	1
0.5902	6	0.6885	4	0.7869	2
0.6066	10	0.7049	11	0.8361	1

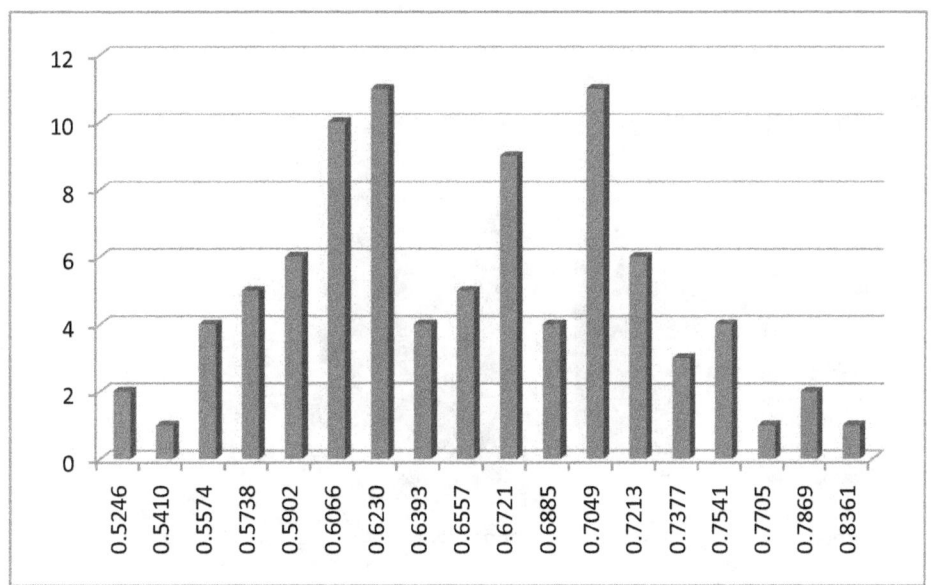

FIGURA 2. Distribución de Frecuencias del Grupo GSEAO

TABLA 14. RESUMEN DATOS POR COMPETENCIAS GRUPO GEAO

Competencia	Total Preguntas	Total Estudiantes	Total Problemas	Aciertos	Proporción
Interpretativa	25	89	2225	2098	0.9429
Argumentativa	25	89	2225	2087	0.9380
Propositiva	11	89	979	934	0.9540

TABLA 15. RESUMEN DATOS POR COMPETENCIAS GRUPO GSEAO

Competencia	Total Preguntas	Total Estudiantes	Total Problemas	Aciertos	Proporción
Interpretativa	25	89	2225	1458	0.6553
Argumentativa	25	89	2225	1444	0.6490
Propositiva	11	89	979	653	0.6670

En la Figura 3 se muestra comparativamente las proporciones de los grupos según el tipo de competencia.

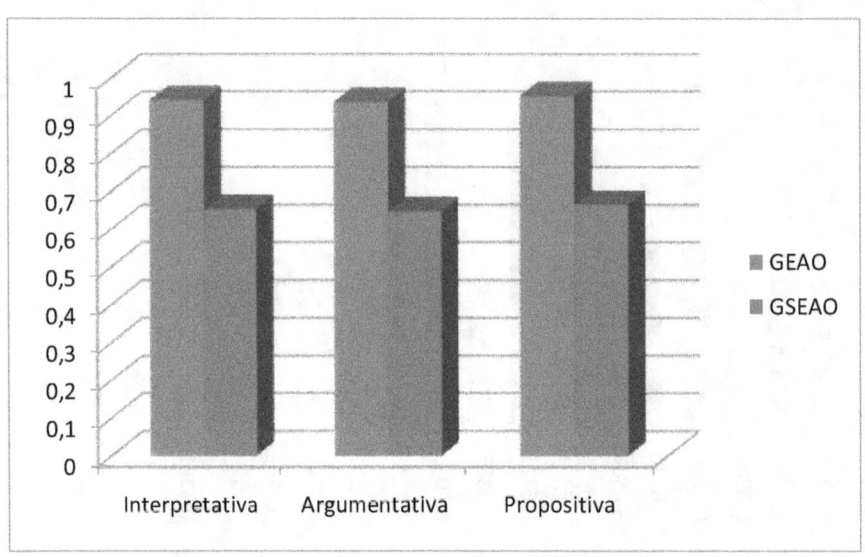

FIGURA 3. Comparación según tipo de competencia

En las Tablas 16 y 17 se describen los resúmenes del comportamiento de los dos grupos según el tópico de Sistemas Operacionales.

TABLA 16. RESUMEN DATOS POR TÓPICO GRUPO GEAO

Tópico	Total Preguntas	Total Estudiantes	Total Problemas	Aciertos	Proporción
Fund. Sistemas Operacional	6	89	534	498	0.9326
Admón de Procesos	11	89	979	920	0.9397
Admón de Memoria	16	89	1424	1342	0.9424
Admón Alm. Secundario	12	89	1068	1009	0.9448
Com. y Control de Procesos	16	89	1424	1350	0.9480

TABLA 17. RESUMEN DATOS POR TÓPICO GRUPO GSEAO

Tópico	Total Preguntas	Total Estudiantes	Total Problemas	Aciertos	Proporción
Fund. Sistemas Operacional	6	89	534	348	0.6517
Admón de Procesos	11	89	979	650	0.6639
Admón de Memoria	16	89	1424	923	0.6482
Admón Alm. Secundario	12	89	1068	701	0.6564
Com. y Control de Procesos	16	89	1424	933	0.6552

En la Figura 4 se puede observar la comparación de proporciones de los dos grupos según el tópico de la pregunta relacionada con Sistemas Operacionales.

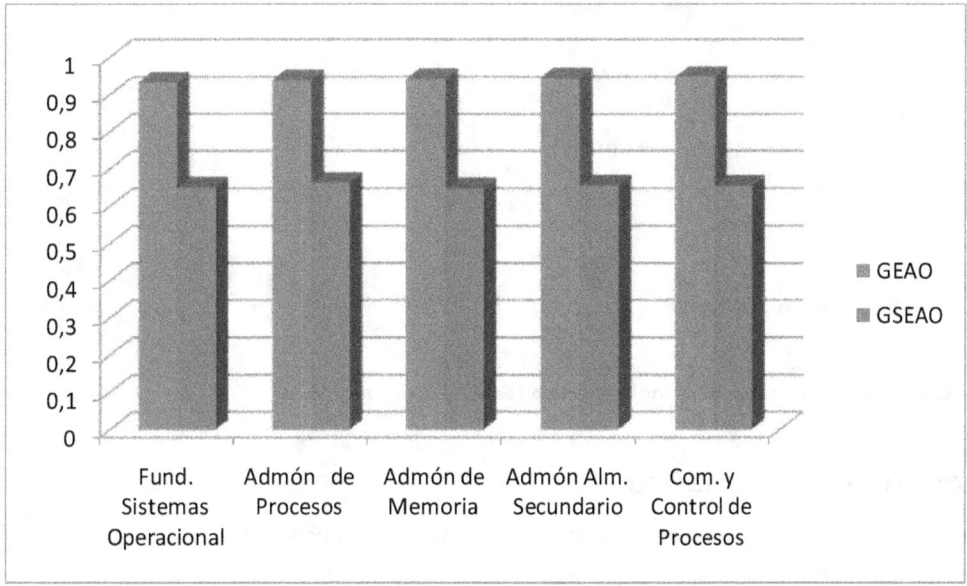

FIGURA 4. Comparación de Grupos según Tópico

Mientras en la Figura 5 y 6 se describe el comportamiento comparativo de las cinco mejores respuestas dadas por cada grupo.

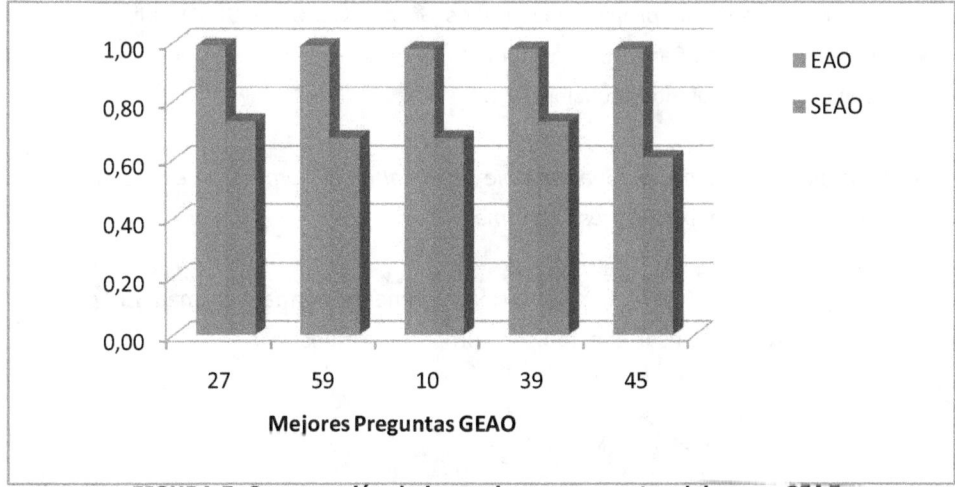

FIGURA 5. Comparación de las mejores respuestas del grupo GEAO

24 Análisis del desarrollo de competencias a partir de la enseñanza asistida por computador

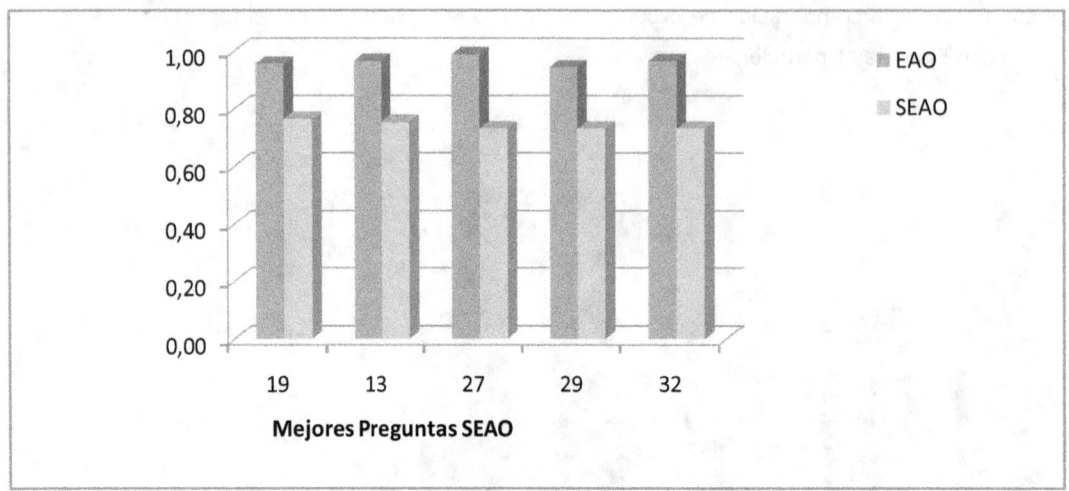

FIGURA 6. Comparación las mejores respuestas del grupo GSEAO

Calculo de Intervalos de confianza

En el proceso estadístico de poblaciones es de vital importancia tener en cuenta que la estimación puntual de la media muestral solamente nos da una aproximación de la media de la población, el cual varía de muestra en muestra, por ello es necesario tener una estimación más precisa de las características reales de la población. Es por esto, que se debe desarrollar una estimación por intervalo, tomando la distribución muestral de la media, de la media real de la población.

Estadístico a utilizar

Para calcular los intervalos de confianza de las proporciones de los Grupos GEAO y GSEAO utilizamos la fórmula de estimación por intervalo de confianza para proporciones [Berenson, 1996; Sección 10.4. Fórmula 10.3. Página 341], en donde se considera la siguiente situación:

Sea X una variable binomial de parámetros n y p. Una variable binomial es el número de éxitos en n ensayos; en cada ensayo la probabilidad de éxito (p) es la misma.

Si n es grande y p no está próximo a 0 ó 1 (np > 5) X es aproximadamente normal con media n*p y varianza n*p*q (siendo q = 1 - p) y se puede usar el estadístico proporción muestral)

$$\hat{p} = \frac{X}{n}$$

Que es también aproximadamente normal, con error típico dado por:

$$\sqrt{\frac{pq}{n}}$$

En consecuencia, un Intervalo de confianza para p al 100(1 - α)% será:

$$\hat{p} \pm z_{\alpha/2}\sqrt{\frac{pq}{n}}$$

Donde:

n = Es el tamaño de la muestra

p = es la proporción de aciertos

q = 1 - p

Z = nivel de confianza

La cual coloca como restricción el cumplimiento de la premisa que el número de problemas por la proporción debe ser por lo menos 5, que se refleja en la siguiente expresión matemática:

n * p > 5 y n * (1-p) > 5

Veamos si las muestras de los grupos cumplen con la regla:

P_{GAEO} = X/n = 0.9428

P_{GSAEO} = X/n = 0.6548

Para el grupo GEAO

P_{GAEO} * n = 0.9428 * 5429 = 5118.4612

$(1-P_{GAEO})$ * n = 0.0572 * 5429 = 310.5388

Como se puede observar ambos resultados son mayores que 5.

Para el grupo GSEAO

P_{GSAEO} * n = 0.6548 * 5429 = 3554.9

$(1-P_{GSAEO})$ * n = 0.3452 * 5429 = 1874.09

De igual manera los resultados son mayores que 5.

Podemos concluir que se puede utilizar el estadístico propuesto para ambas muestras. Para realizar las gráficas se utilizará el programa realizado en Java **Descartes**, creado por José Luis Abreu en el proyecto que lleva el mismo nombre del Ministerio de Cultura y educación del gobierno Español [MinEdu y Ciencia-GobEspañol, 2007]

Cálculo del Intervalo de confianza grupo GEAO

Para el cálculo del intervalo de confianza del grupo GEAO se tienen los siguientes datos:

n = 5429

X = 5119

$P_{GAEO} = X/n = 0.9428$

Z = 1.96 (con un nivel de confianza del 95%)

Aplicando la fórmula: $P_{GAEO} \pm Z * [(P_{GAEO} *(1-P_{GAEO})/n)]^{\wedge} 0.5$

Tenemos:

$= 0.9428 \pm (1.96) * (0.9428 * 0.0572 / 5429)^{\wedge} 0.5$

$= 0.9428 \pm (1.96) * (3.15 \times 10^{-3})$

$= 0.9428 \pm 6.17 \times 10^{-3}$

Entonces, el intervalo de confianza es el siguiente: **0.93663 <= p <= 0.94897**. Este intervalo de confianza se describe en la Figura 7:

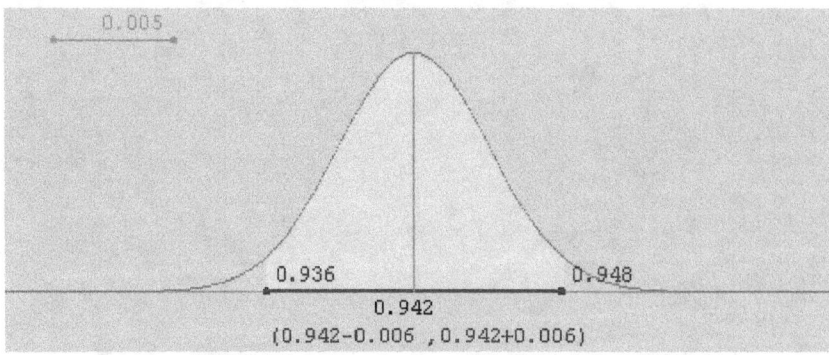

FIGURA 7. Intervalo de confianza del Grupo GEAO

Calculo del Intervalo de confianza grupo GSEAO

Los datos que tenemos son los siguientes:

n = 5429, X = 3555, $P_{GSAEO} = X/n = 0.6548$, Z = 1.96 con un nivel de confianza del 95%

Aplicando la fórmula:

$P_{GSAEO} \pm Z * [(P_{GSAEO} *(1-P_{GSAEO})/n)]^{\wedge} 0.5$

Tenemos:

$= 0.6548 \pm (1.96) * (0.6548 * 0.3452 / 5429)^{\wedge} 0.5$

$= 0.6548 \pm (1.96) * (6.45 \times 10^{-3})$

= 0.6548 ± 0.0126

El intervalo de confianza es: **0.6422 <= p <= 0.6674,** que es descrito en la Figura 8.

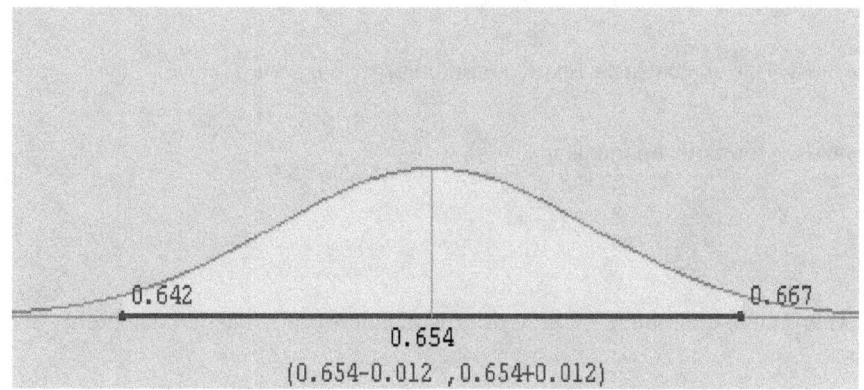

FIGURA 8. Intervalo de confianza del Grupo GSEAO

Prueba de Hipótesis

Una situación que puede ser cierta o falsa relativa a una o varias poblaciones, se denomina *hipótesis estadística*. Con la información extraída de las muestras se pueden contrastar las hipótesis, pero se debe tener en cuenta que si se aceptan o se rechazan se puede cometer un error. La hipótesis formulada con intención de rechazarla se llama *hipótesis nula* (H_0). Rechazar H_0 implica aceptar una *hipótesis alternativa* (H_1). La situación se puede esquematizar:

TABLA 18. ERRORES AL CONTRASTAR HIPÓTESIS

	H_0 cierta	H_0 falsa H_1 cierta
H_0 rechazada	Error tipo I (α)	Decisión correcta (*)
H_0 no rechazada	Decisión correcta	Error tipo II (β)

Donde:

α = probabilidad (rechazar H_0. Pero, H_0 es cierta)

β = probabilidad (aceptar H_0. Pero, H_0 es falsa)

(*) Decisión correcta que se busca

$1-\beta$ = Potencia= probabilidad (rechazar H_0 donde H_0 es falsa)

Detalles a tener en cuenta

1. α y β están inversamente relacionadas.
2. Sólo pueden disminuirse las dos, aumentando *n*.

Los pasos necesarios para realizar un contraste relativo a un parámetro θ son:

1. Establecer la hipótesis nula en términos de igualdad

$$H_0 : \theta = \theta_0$$

2. Establecer la hipótesis alternativa, que puede hacerse de tres maneras, dependiendo del interés del investigador

$$H_1 : \theta \neq \theta_0 \qquad \theta > \theta_0 \qquad \theta < \theta_0$$

En el primer caso se habla de contraste *bilateral* o de *dos colas*, y en los otros dos de *lateral* (*derecho* en el 2º caso, o *izquierdo* en el 3º) o *una cola*.

3. Elegir un *nivel de significación*: nivel crítico para α

4. Elegir un *estadístico de contraste*: estadístico cuya distribución muestral se conozca en H_0 y que esté relacionado con θ y establecer, en base a dicha distribución, la *región crítica*: región en la que el estadístico tiene una probabilidad menor que α si H_0 fuera cierta y, en consecuencia, si el estadístico cayera en la misma, se rechazaría H_0.

Obsérvese que, de esta manera, se está más seguro cuando se rechaza una hipótesis que cuando no. Por eso se fija como H_0 lo que se quiere rechazar. Cuando no se rechaza, no se ha demostrado nada, simplemente no se ha podido rechazar. Por otro lado, la decisión se toma en base a la distribución muestral en H_0, por eso es necesario que tenga la igualdad.

5. Calcular el estadístico para una muestra aleatoria y compararlo con la región crítica, o equivalentemente, calcular el "valor p" del estadístico (probabilidad de obtener ese valor, u otro más alejado de la H_0, si H_0 fuera cierta) y compararlo con α.

Estadístico a utilizar

El estadístico a utilizar es la Prueba para la diferencia entre proporciones de dos poblaciones independientes utilizando la aproximación Normal [Berenson, 1996; Sección 13.2. Fórmula 13.1. pág. 439]:

$$Z = \frac{(p_{s1} - p_{s2}) - (p_1 - p_2)}{(P * (1-P) * (1/n1 + 1/n2))^{0.5}}$$

P= (X1 + X2) / (n1+n2); p_{s1} = X1 / n1 ; p_{s2} = X2 / n2

Donde:

p_{s1} = Proporción de la población 1

p_{s2} = Proporción de la población 2

X1 = Aciertos de la población 1

X2 = Aciertos de la población 2

n1 = Tamaño de la muestra 1

n2 = Tamaño de la muestra 2

P = Estimación combinada de la proporción

Prueba de la Hipótesis H1

Enunciado. El enunciado de la primera hipótesis es el siguiente:

"La diferencia proporcional en el desarrollo de competencias entre los estudiantes que utilizan la E.A.O y los que no la utilizan, al cursar la Asignatura Sistemas Operacionales en el programa de Ingeniería de Sistemas de la Facultad de Ingeniería de la Fundación Universitaria San Martín sede Caribe, es del 30%."

Construcción de la hipótesis nula e Hipótesis alternativa.

La Hipótesis Nula y la Alternativa son las siguientes:

$$Ho: P_{GAEO} - P_{GSAEO} = 0.3$$
$$H1: P_{GAEO} - P_{GSAEO} \neq 0.3$$

Selección del nivel significativo de α. *El nivel de significativo será α = 0.05, es decir que se desea un nivel de confianza del 95%. Con lo cual Tenemos que el valor de Z de 1.96.*

Calculo de la región de rechazo.

Con α = 0.05 y Z = 1.96 la región de rechazo de la hipótesis nula de doble cola la constituye dos zonas:

$$Z > 1.96 \text{ o } Z < -1.96$$

Realización de la prueba de Hipótesis. Es necesario remplazar los valores correspondientes en el estadístico seleccionado utilizado, con lo cual encontramos que:

$Z = (0.9428 - 0.6548 - 0.3) / (0.7988 * 0.2011 * 0.000368)^{0.5}$
$Z = -0.01191748 / 0.007693807$
Z = -1.548970595

Podemos observar que este valor de Z (**1.548970595**) no está en la zona de rechazo, por consiguiente NO se puede rechazar la Hipótesis Nula (Ho : **P**$_{GAEO}$ - **P**$_{GSAEO}$ = **0.3**). Lo Anterior se describe gráficamente en la Figura 9.

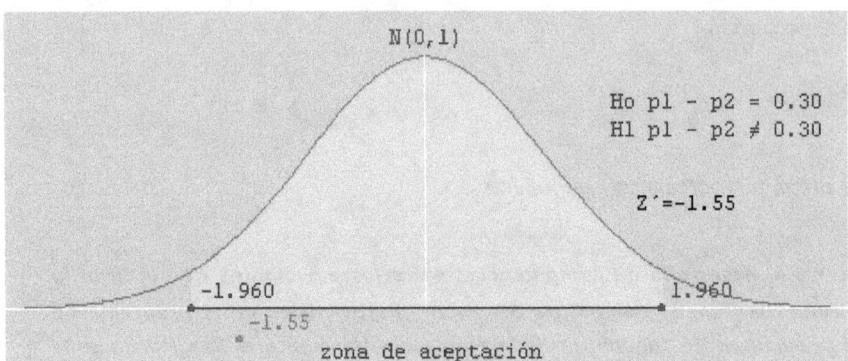

FIGURA 9. Prueba de Hipótesis P$_{GAEO}$ - P$_{GSAEO}$ = 0.3

Análisis del Resultado de la prueba. En la sección anterior se concluyó que no se puede rechazar la hipótesis **P**$_{GAEO}$ - **P**$_{GSAEO}$ = **0.3**. A continuación realizaremos las pruebas de una cola para verificar si la diferencia de proporciones es mayor igual o menor igual (Ver Tabla 19)

TABLA 19. ANÁLISIS CON P=0.3

Hipótesis Ho	Hipótesis H1	p	Z	Intervalo de rechazo	Rechazo
P1 - p2 = p	p1 - p2 ≠ p	0.3	-1.5489706	Z>1.96 o Z<-1.96	No
P1 - p2 >= p	p1 - p2 < p	0.3	-1.5489706	Z<-1.96	No
P1 - p2 <= p	p1 - p2 > p	0.3	-1.5489706	Z>1.96	No

No es posible rechazar ninguna de la hipótesis (Ho) formuladas, por lo cual se necesitan hacer más pruebas en otros intervalos. Las pruebas descritas en la anterior tabla se analizan gráficamente en las Figuras 10 y 11.

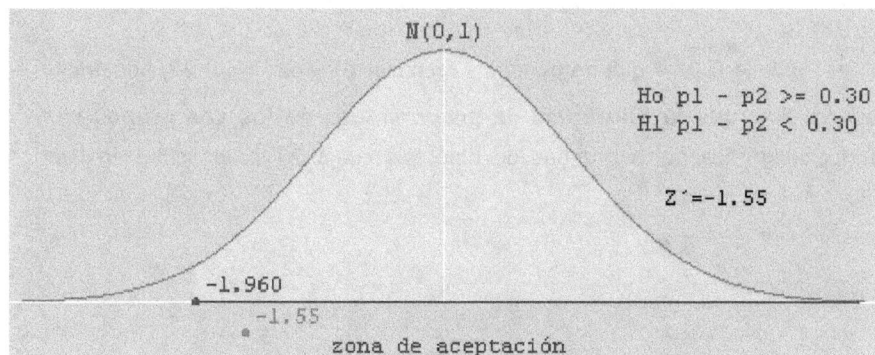

FIGURA 10. Prueba de Hipótesis $P_{GAEO} - P_{GSAEO} \geq 0.3$

FIGURA 11. Prueba de Hipótesis $P_{GAEO} - P_{GSAEO} \leq 0.3$

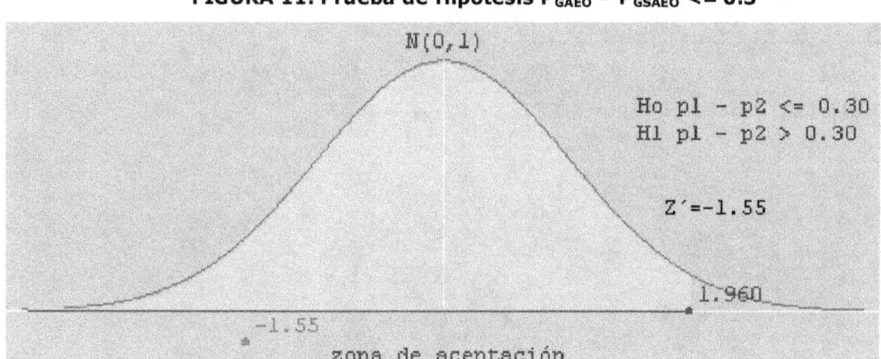

Ahora es importante saber el comportamiento alrededor de P=0.3. Por ello como primera medida, tomaremos como diferencia de las proporciones a 0.27 y le aplicamos las pruebas de hipótesis. Al hacerlo, obtenemos 2 de tres rechazos como se acacia en la Tabla 24.

TABLA 20. ANÁLISIS P=0.27

Hipótesis Ho	Hipótesis H1	p	Z	Intervalo de rechazo	Rechazo
P1 - p2 = p	p1 - p2 ≠ p	0.27	2.3502696	Z>1.96 o Z<-1.96	Si
P1 - p2 >= p	p1 - p2 < p	0.27	2.3502696	Z<-1.96	**No**
P1 - p2 <= p	p1 - p2 > p	0.27	2.3502696	Z>1.96	Si

Partiendo de los datos consignados en la tabla anterior, podemos aceptar que la diferencia de proporciones no es igual a 0.27 ni tampoco menor; ya que estas hipótesis fueron rechazadas (y se aceptaron las alternativas H1: p1 - p2 ≠ 0.27 y H1: p1 - p2 > 0.27), pero no podemos rechazar que la diferencia de proporciones de las dos poblaciones sea p1 - p2 >= 0.27.

Ahora, si aceptamos que H1: p1 - p2 > 0.27 y que no podemos rechazar p1 - p2 >= 0.27, podemos afirmar con una confiabilidad del 95% **que la diferencia de proporciones de los dos grupos es mayor que 0.27.** La descripción gráfica del a pruebas de hipótesis con 0.27 se describe en las Figuras 12, 13 y 14.

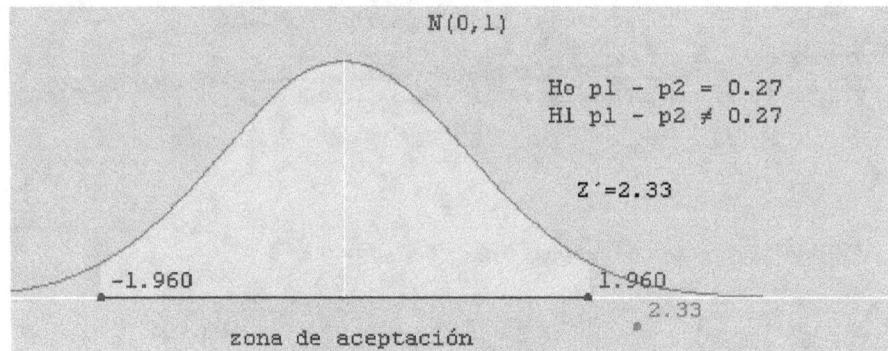

FIGURA 12. Prueba de Hipótesis P$_{GAEO}$ - P$_{GSAEO}$ = 0.27

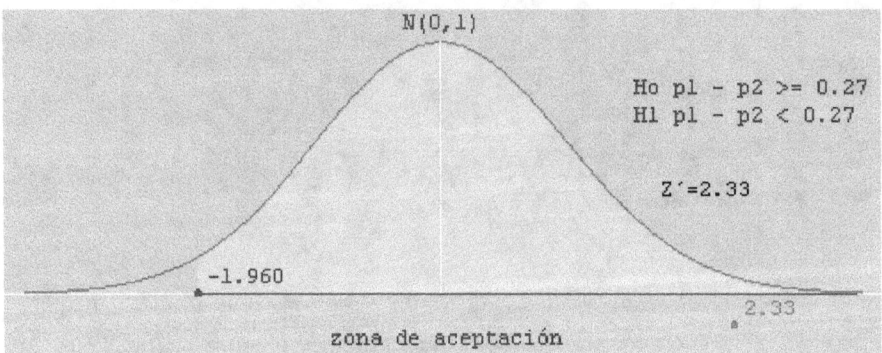

FIGURA 13. Prueba de Hipótesis P$_{GAEO}$ - P$_{GSAEO}$ >= 0.27

De igual forma, realizaremos prueba de hipótesis con un valor superior a 0.3, y tomamos uno muy cercano a éste como lo es 0.31. Al realizar las tres (3) pruebas se presenta dos rechazos de hipótesis nula. La primera indicando que la diferencia no puede ser igual a 0.31, aceptando así, la hipótesis alternativa que expresa la desigualdad. Y la segunda, la cual indica la imposibilidad que dicha diferencia sea mayor o igual, esto es, se **acepta que la diferencia es menor a 0.31.** En la tabla 21 se muestra los resultados de la prueba.

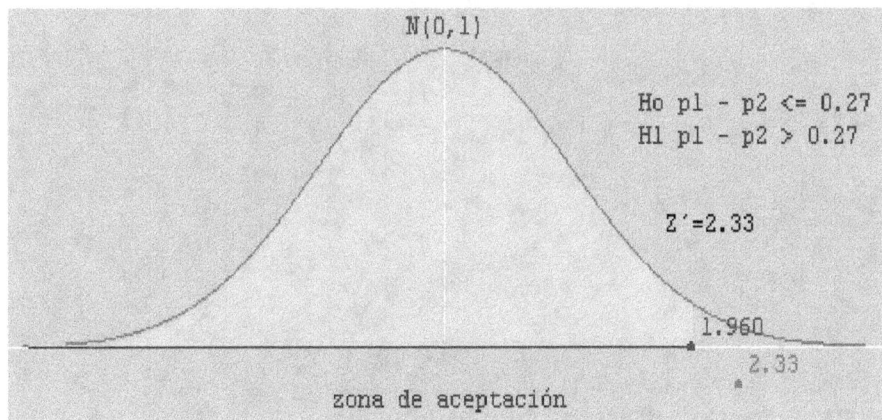
FIGURA 14. Prueba de Hipótesis P$_{GAEO}$ - P$_{GSAEO}$ <= 0.27

TABLA 21. ANÁLISIS P=0.31

Hipótesis Ho	Hipótesis H1	p	Z	Intervalo de rechazo	Rechazo
P1 - p2 = p	p1 - p2 ≠ p	0.31	-2.84871733	Z>1.96 o Z<-1.96	Si
P1 - p2 >= p	p1 - p2 < p	0.31	-2.84871733	Z<-1.96	Si
P1 - p2 <= p	p1 - p2 > p	0.31	-2.84871733	Z>1.96	**No**

Es claro que al aceptar las hipótesis alternativas que indican, en parte la no igualdad a 0.31, y en parte, que la diferencia es menos a 0.31; y al no poder rechazar la hipótesis nula Ho: P1-p2 <= 0.31, concluimos que el **valor de la diferencia de proporciones de los grupos es menor a 0.31.** La descripción gráfica de las pruebas de hipótesis de 0.31 se realiza en las figuras 15, 16 y 17.

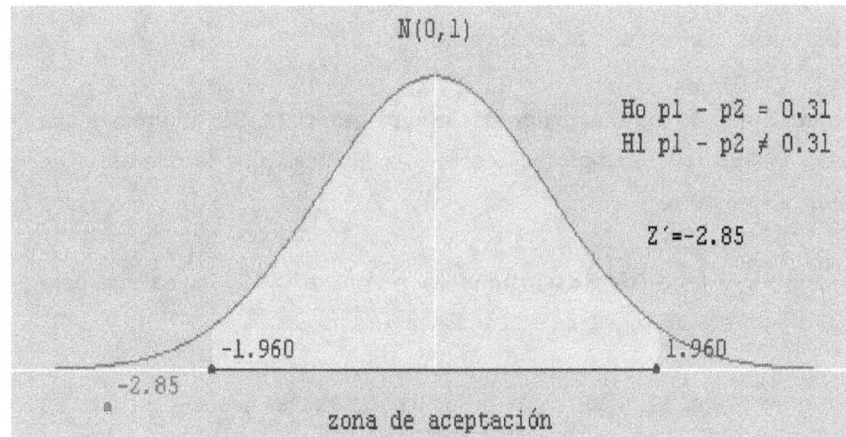
FIGURA 15. Prueba de Hipótesis P$_{GAEO}$ - P$_{GSAEO}$ = 0.31

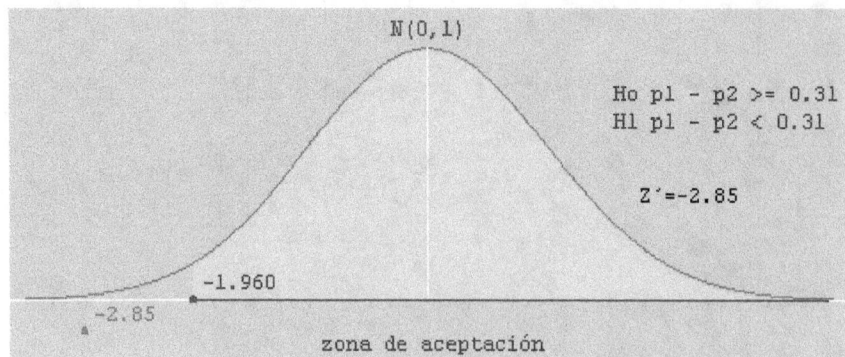

FIGURA 16. Prueba de Hipótesis $P_{GAEO} - P_{GSAEO} >= 0.31$

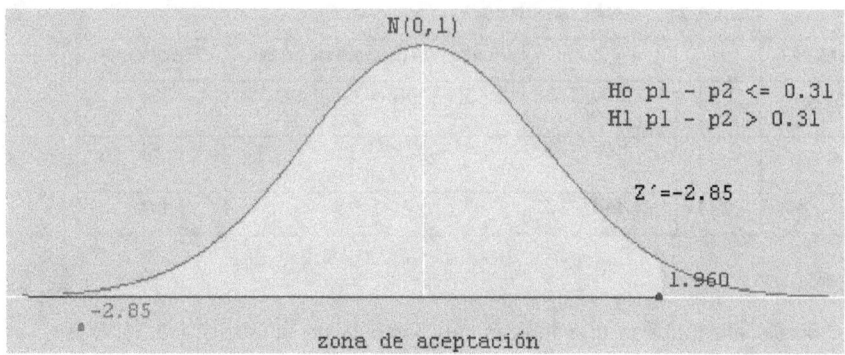

FIGURA 17. Prueba de Hipótesis $P_{GAEO} - P_{GSAEO} <= 0.31$

En resumen, se ha aceptado las siguientes Hipótesis alternativas:

a) **La diferencia de proporciones de los dos grupos es mayor que 0.27.** Se argumenta que para valores menores o iguales 0.27 siempre se aceptara la hipótesis que la diferencia de proporciones de los grupos será mayor

b) **La diferencia de proporciones de los dos grupos es menor a 0.31.** Indica que para valores mayores a 0.31 siempre la diferencia de proporciones será menor.

c) Y por otro lado encontramos que no se puede rechazar las hipótesis nulas que se describen en la Tabla 22

TABLA 22. ANÁLISIS NO RECHAZO CON DIFERENTES VALORES DE P

Hipótesis Ho	Hipótesis H1	P	Z	Intervalo de rechazo	Rechazo
P1 - p2 = p	p1 - p2 ≠ p	0.300	-1.5489706	Z>1.96 o Z<-1.96	No
P1 - p2 >= p	p1 - p2 < p	0.300	-1.5489706	Z<-1.96	No
P1 - p2 <= p	p1 - p2 > p	0.300	-1.5489706	Z>1.96	No
P1 - p2 <= p	p1 - p2 > p	0.310	-2.84871733	Z>1.96	No
P1 - p2 >= p	p1 - p2 < p	0.270	2.3502696	Z<-1.96	No
P1 - p2 <= p	p1 - p2 > p	0.305	-2.19884396	Z>1.96	No
P1 - p2 = p	p1 - p2 ≠ p	0.280	1.05052287	Z>1.96 o Z<-1.96	No
P1 - p2 >= p	p1 - p2 < p	0.280	1.05052287	Z<-1.96	No
P1 - p2 <= p	p1 - p2 > p	0.280	1.05052287	Z>1.96	No
P1 - p2 = p	p1 - p2 ≠ p	0.301	-1.67894527	Z>1.96 o Z<-1.96	No
P1 - p2 >= p	p1 - p2 < p	0.301	-1.67894527	Z<-1.96	No
P1 - p2 <= p	p1 - p2 > p	0.301	-1.67894527	Z>1.96	No
P1 - p2 <= p	p1 - p2 > p	0.400	-14.5464379	Z>1.96	No
P1 - p2 >= p	p1 - p2 < p	0.100	24.4459641	Z<-1.96	No

Consecuentemente con el análisis anterior, en el presente proyecto investigativo se **Acepta** en con una confiabilidad del 95% que:

La diferencia de proporciones entre los grupos GEAO y GSEAO es de 0.3 que es equivalente a un 30%.

ANÁLISIS DE LA INFORMACION DE LA SECRETARIA ACADEMICA

Descripción y resumen de Datos

Los datos obtenidos mediante la realización de notas parciales en cada uno de los grupos se le calculó la media, su varianza y su desviación estándar, los cuales son resumidos en la Tabla 23.

TABLA 23. RESUMEN DATOS DE LA SECRETARÍA ACADÉMICA

Grupo	Media	Varianza	Desviación
GEAO	3.660	0.292	0.541
GSEAO	3.185	0.449	0.670

Otras medidas de tendencias central y de dispersión se detallan en la tabla 24:

TABLA 24. MEDIDAS DE TENDENCIAS CENTRAL Y DE DISPERSIÓN

Grupo	Mediana	Moda	Rango Medio	Rango
GEAO	3.580	3.050, 3.220, 3.320	3.47	2.00 - 4.94
GSEAO	3.100	3.040, 3.020	2.35	0.00 – 4.69

Mientras la distribución de frecuencias del grupo GEAO se presenta en la Figura 18, la distribución de frecuencias del Grupo GSEAO se presenta en la Figura 19.

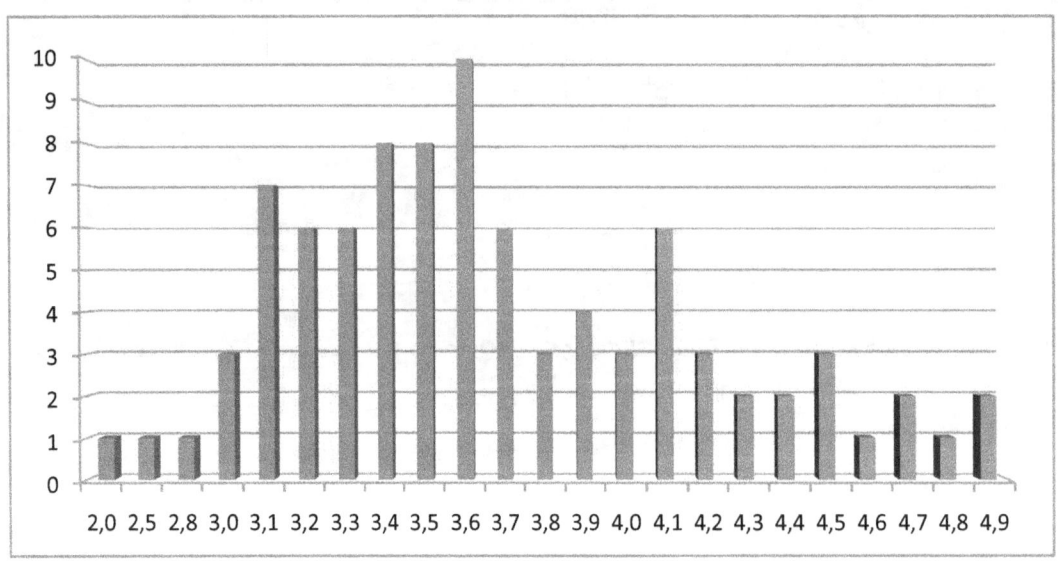

FIGURA 18. Distribución de Frecuencias Grupo GEAO

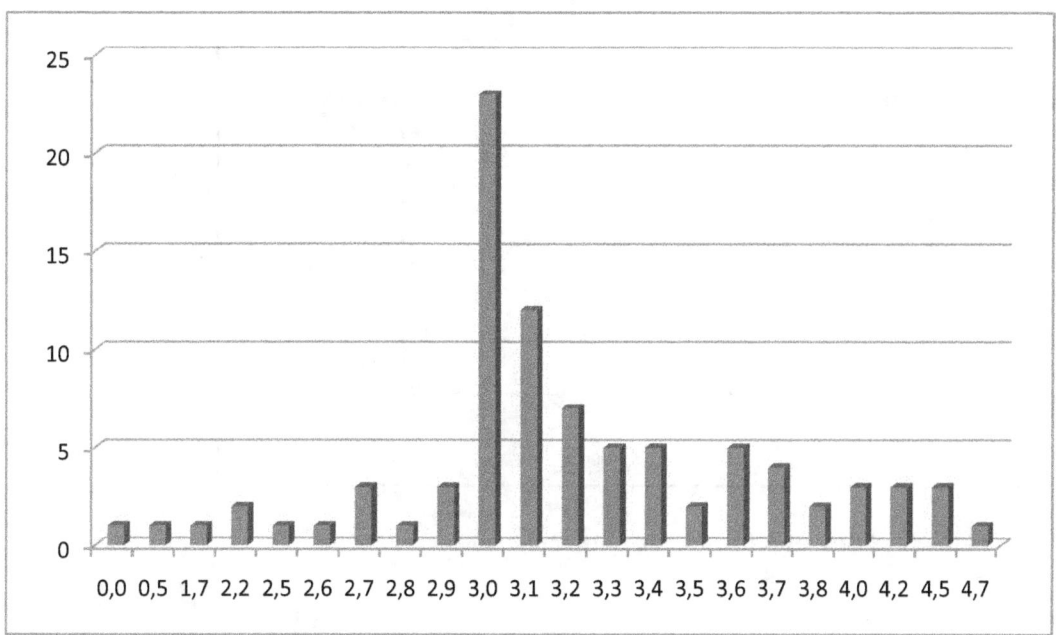

FIGURA 19. Distribución de Frecuencias Grupo GSEAO

Calculo de Intervalos de confianza

Estadístico a utilizar

Para calcular los intervalos de confianza de las proporciones de los Grupos GEAO y GSEAO utilizamos la fórmula de estimación por intervalo de confianza de la media con Media poblacional desconocida [Berenson, 1996; Sección 10.3. pág. 334] basada en la distribución T Student.

Probabilidad t o T Student. Una variable aleatoria se distribuye según el modelo de probabilidad t o T Student con k grados de libertad, donde k es un entero positivo, si su función de densidad es la siguiente [López Sánchez, 2010]:

$$f(t)=\frac{\Gamma(\frac{k+1}{2})}{\sqrt{\pi k}\,\Gamma(\frac{k}{2})}(1+\frac{t^2}{k})^{-(\frac{k+1}{2})}, \quad -\infty<t<\infty, \quad \text{donde } \Gamma(p)=\int_0^\infty e^{-x} x^{p-1} dx$$

La gráfica de esta función de densidad es simétrica, respecto del eje de ordenadas, con independencia del valor de k, y de forma algo semejante a la de una distribución normal. (Ver Figura 20)

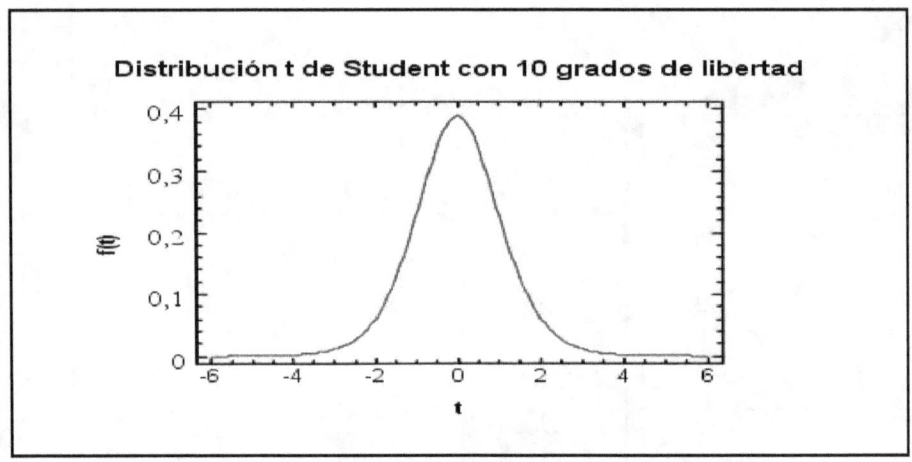

FIGURA 20. DISTIBUCIÓN T STUDENT [López Sánchez, 2010]

Su valor medio y varianza son [López Sánchez, 2010]:

$$E(T)=\mu=\int_{-\infty}^{\infty} tf(t)dt=\int_{-\infty}^{\infty} t \frac{\Gamma(\frac{k+1}{2})}{\sqrt{\pi k}\Gamma(\frac{k}{2})}(1+\frac{t^2}{k})^{-(\frac{k+1}{2})}dt=\ldots=0$$

Si k>2 ,

$$Var(T)=\sigma^2 = E((T-\mu)^2) = \int_{-\infty}^{\infty} (t-\mu)^2 \frac{\Gamma(\frac{k+1}{2})}{\sqrt{\pi k}\Gamma(\frac{k}{2})}(1+\frac{t^2}{k})^{-(\frac{k+1}{2})}dt=\ldots=\frac{k}{k-2}$$

La ley de probabilidad de la media muestral en una población normal con varianza desconocida. Si X1, X2, ..., Xn son variables aleatorias independientes con ley de probabilidad normal N(μ,σ) , es decir, una muestra aleatoria de tamaño n extraída de una población N(μ,σ), entonces [López Sánchez, 2010]:

$\dfrac{\bar{X}-\mu}{\frac{S}{\sqrt{n}}}$ se distribuye como una variable T de Student

con (n-1) grados de libertad , donde $S^2 = \sum_{i=1}^{n} \dfrac{(X_i - \bar{X})^2}{n-1}$

es la varianza muestral y $\bar{X} = \sum_{i=1}^{n} \dfrac{X_i}{n}$ la media muestral.

El estadístico a ser utilizado es el siguiente:

Media Muestral ± t_{n-1} (desviación estándar / (tamaño muestra) ^0.5)

Cálculo del Intervalo de confianza grupo GEAO

Tenemos que:

n = 89; X_{GAEO} = 3.66; T_{88} = 1.9873 (con un nivel de confianza del 95% y 88 grados de libertad); S_{GAEO} = 0.541

Aplicando la fórmula: $X_{GAEO} \pm T_{88} * S_{GAEO} / (n)^{0.5}$

= 3.66 ± (1.9873) * 0.541/(89)^0.5

= 3.66 ± 1.075 / 9.43

= 3.66 ± 0.1139

Entonces, el intervalo de confianza es el siguiente: **3.5461 <= U_{GAEO} <= 3.7739**. Este intervalo de confianza se describe en la siguiente Figura 21:

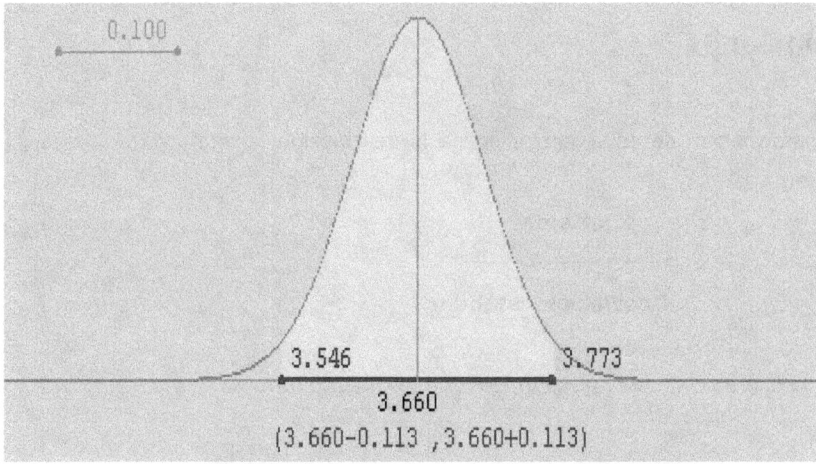

FIGURA 21. Intervalo de confianza Grupo GEAO

Cálculo del Intervalo de confianza grupo GSEAO

En este caso tenemos que: n = 89; X_{GSAEO} = 3.185; T_{88} = 1.9873 (con un nivel de confianza del 95% y 88 grados de libertad); S_{GSAEO} = 0.670

Aplicando la fórmula: $X_{GSAEO} \pm T_{88} * S_{GSAEO} / (n)^{0.5}$

= 3.185 ± (1.9873) * 0.670 /(89)^0.5

= 3.185 ± 1.331 / 9.43

= 3.185 ± 0.141

Entonces, el intervalo de confianza es el siguiente: **3.044 <= U_{GSAEO} <= 3.326** Este intervalo de confianza se describe en la Siguiente Figura 22:

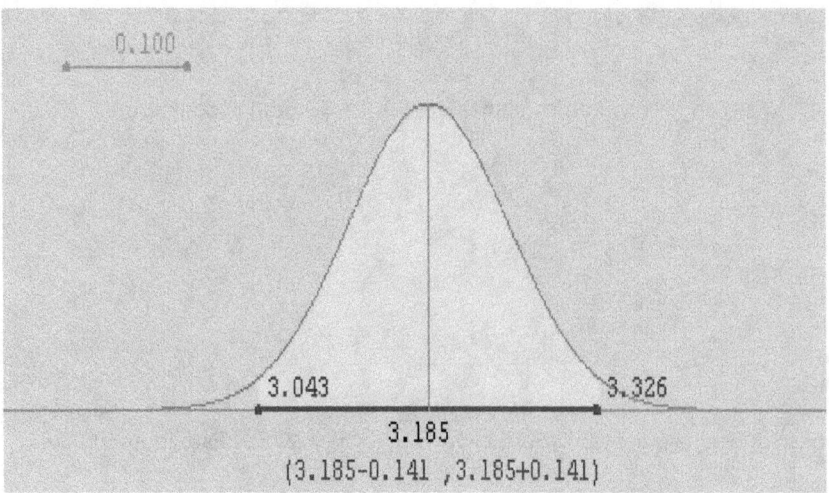
FIGURA 22. Intervalo de confianza Grupo GSEAO

Comparación de poblaciones

Estadístico a utilizar

Se utilizará la formula de transformación de estandarización de la distribución normal [Berenson, 1996; Sección 8.2.4. Página 269] cuya fórmula es:

$$Z = \frac{X - \text{Media}}{\text{Desviación estándar}}$$

Luego al valor de esta Z se halla el área bajo la curva normal con la siguiente fórmula:

$$f(z;0,1) = \frac{1}{\sqrt{2\pi}} e^{-\frac{z^2}{2}}$$

Comparar el Buen desempeño

Un buen desempeño en una asignatura cualquiera asumimos que el estudiante ha obtenido una nota superior o igual a 4.0. Por tanto para cada grupo realizamos la prueba y luego comparamos el área sobre la curva normal.

Para el grupo GEAO: Encontramos que tiene una media = 3.66, una desviación estándar = 0.541, entonces:

Z = (4.0 − 3.66) / 0.541 = 0.34 / 0.541

Z = 0.62846

Y el valor F(Z) = F(0.62846) = **0.2351**. Par hallar el área superior le restamos 0.5 y daría **0.2649**. En la Figura 23 se muestra gráficamente el proceso:

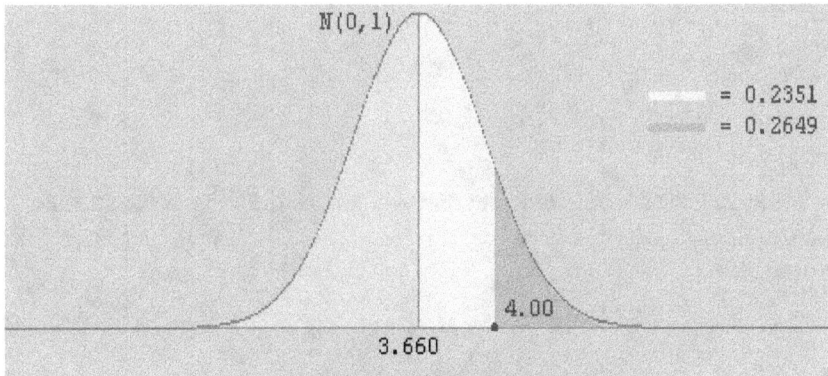

FIGURA 23. Área Buena Grupo GEAO

Para el grupo GSEAO: Encontramos que tiene una media = 3.185, una desviación estándar = 0.670, entonces:

Z = (4.0 − 3.185) / 0.670 = 0.815 / 0.670

Z = 1.2164

Y el valor F(Z) = F(1.21641) = **0.3880**. Para hallar el área superior le restamos 0.5 y daría **0.1119**. En la Figura 24 se muestra gráficamente el proceso:

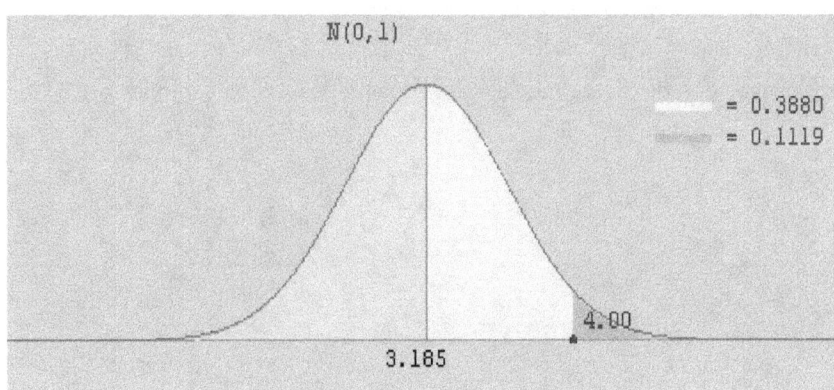

FIGURA 24. Área Buena Grupo GSEAO

Comparar el Mal desempeño

Un mal desempeño en una asignatura cualquiera asumimos que el estudiante ha obtenido una nota inferior a 3.0. Por tanto para cada grupo realizamos la prueba y luego comparamos el área sobre la curva normal.

Para el grupo GEAO: Encontramos que tiene una media = 3.66, una desviación estándar = 0.541, entonces:

$$Z = (3.0 - 3.66) / 0.541$$
$$Z = -0.66 / 0.541$$
$$\mathbf{Z = -1.2199}$$

Y el valor F(Z) = F(-1.2199) = **0.3887.** Par hallar el área superior le restamos 0.5 y daría **0.1113.** En la Figura 25 se muestra gráficamente el proceso:

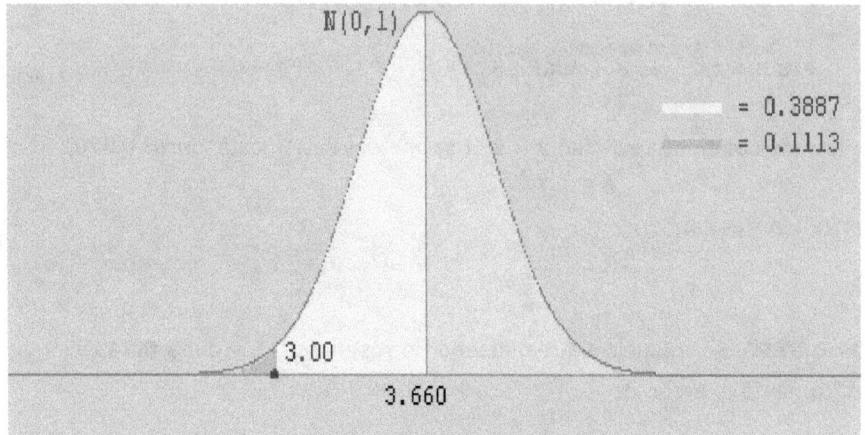

FIGURA 25. Área Deficiente Grupo GEAO

Para el grupo GSEAO: Encontramos que tiene una media = 3.185, una desviación estándar = 0.670, entonces:

$$Z = (3.0 - 3.185) / 0.670$$
$$Z = -0.1815 / 0.670$$
$$\mathbf{Z = -0.276}$$

Y el valor F(Z) = F(-0.276) = **0.1087.** Par hallar el área superior le restamos 0.5 y daría **0.3913.** En la Figura 26 se muestra gráficamente el proceso:

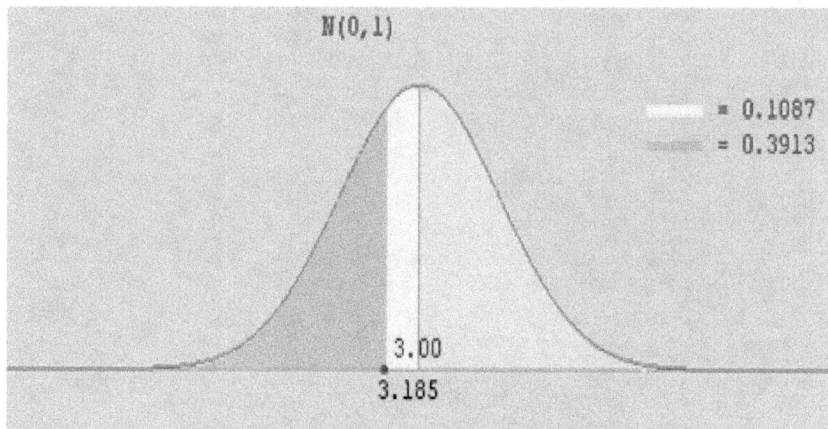

FIGURA 26. Área Deficiente Grupo GSEAO

Finalmente, en la Figura 27 se describe en forma de barras las diferencias comparativas entre el buen y el mal rendimiento de los grupos:

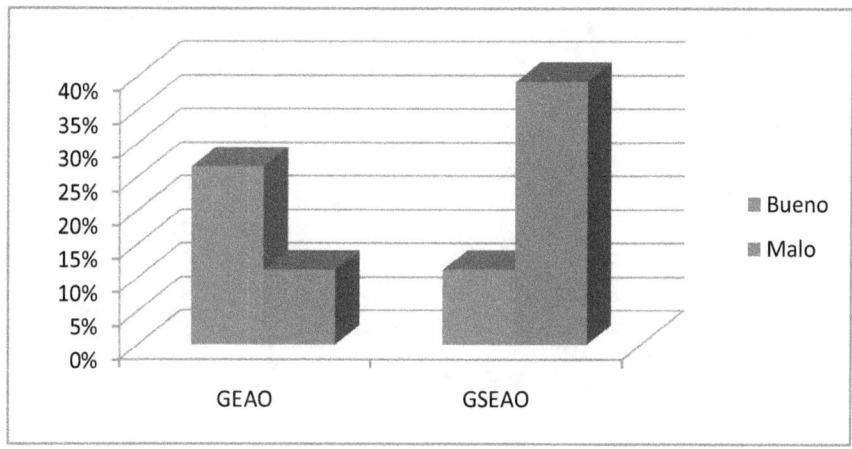

FIGURA 27. Comparación de rendimientos GEAO vs. GSEAO

CONCLUSIONES Y RECOMENDACIONES

A partir de la prueba de hipótesis, podemos afirmar, primero, que el desarrollo de competencias en el campo de Ingeniería de Sistemas es de un 30% superior cuando se utiliza la enseñanza asistida por computador; y segundo, que el nivel de estudiantes que consiguen un buen rendimiento académico es mayor con la utilización de la metodología de la EAO.

Al presentarse de manera tradicional en las facultades de ingenierías de las universidades, altos índices de mortandad en asignaturas en el área de ciencias básicas (matemáticas, físicas, etc.), resulta apropiado, tomando los resultados obtenidos, motivar el desarrollo y la utilización de software educativo en esta área.

Finalmente, la enseñanza asistida por computador, al pretender desarrollar las competencias en forma práctica, nos acerca un poco a esa realidad que necesita el profesional, y la persona para sea competente en el mundo de hoy. Además, si se contribuye en el desarrollo de las competencias en un 30% más, se evitarían los nuevos "profesionales incompetentes" y así el bienestar humano también se incrementa.

A partir de los resultados obtenidos se pueden enunciar las siguientes recomendaciones:

- Utilización de la metodología de Enseñanza Asistida por computador en áreas como las matemáticas, y profesional específica en el programa de Ingeniería de Sistemas.
- Desarrollo de proyectos de software educativos que nutran las asignaturas de los diferentes programas ofrecidos por la fundación.
- Integrar la enseñanza asistida por computador a la cultura de la institución.
- Contextualizar las asignaturas en los programas académicos sobre la base de la EAO.

BIBLIOGRAFIA

[Aedo et al., 2004] Aedo, I, Díaz, P., Sicilia, M.A., Colmenar, A., Losada, P., Mur, F., Castro, M. y Peire, J. (2004): Sistemas multimedia: análisis, diseño y evaluación. Editorial UNED. En Díaz, M, Montero, S & Aedo, I. (2005) Ingeniería Web y patrones de diseño. Universidad Carlos III Madrid. Prentice – Hall, Madrid. P 11.

[Aproa, 2007] APROA Comunidad (2007) ¿Qué es un Objeto de Aprendizaje? Proyecto FONDEF. Aprendiendo con Repositorio de Objetos de Aprendizaje.Centro Agrimed, Universidad de Chile [On-Line], Aviliable: http://www.aproa.cl/1116/propertyvalue-5538.html

[Berenson, 1996] Berenson, Mark and Levine, David. (1996) Estadística básica en administración: Conceptos y aplicaciones.4 Ed. Prentice – Hall, México. 946 p.

[Bertoa, Troya, & Vallecillo, 2002] Bertoa, Manuel F., Troya, José M. y Vallecillo, Antonio. (2002). Aspectos de Calidad en el Desarrollo de Software Basado en Componentes. Depto. Lenguajes y Ciencias de la Computación. Universidad de Málaga. [On-Line], Aviliable: http://www.lcc.uma.es/~av/Publicaciones/02/CalidadDSBC.pdf

[Casal, J., 2007] Casal, J. (2007) Microsoft Desarrollo de Software basado en Componentes. [On-Line], Aviliable: http://www.microsoft.com/spanish/msdn/comunidad/mtj.net/voices/

[Cataldi, Z., et al., 2002] Cataldi, Zulma et al. (2002) Metodología extendida para la creación de software educativo desde una visión integradora. Revista latinoamericana de tecnología educativa volumen 2 número 1.

[Ceri, Fraternali, and Bongio, 2000] Ceri, Stefano, Fraternali, Piero and Bongio, Aldo (2000).Web Modeling Language (WebML): a modeling language for designing Web sites. [On-Line], Aviliable: www.webml.org/webml/upload/ent5/1/www9.pdf

[Díaz de Feijoo, M., 2002] Díaz de Feijoo., María Gabriela (2002). Propuesta de una metodología de desarrollo y evaluación de software educativo bajo un enfoque de calidad sistémica. Tesis de Especialización. Universidad Simón Bolívar.

[Díaz, Aedo, y Montero., 2001] Díaz, P., Aedo, I. y Montero, S. (2001). Ariadne, a development method for hypermedia. In proceedings of Dexa 2001, volume 2113 of Lecture Notes in Computer Science, pages 764-774,

[Díaz, Montero, & Aedo, 2005] Díaz, M, Montero, S & Aedo, I. (2005) Ingeniería Web y patrones de diseño. Universidad Carlos III Madrid. Prentice – Hall, Madrid. 409 p.

[DoD.,1987] DoD (1987). Report of the defense Science Board Task

Force on Military Software. Departamento de Defensa de los Estados Unidos 1987 [On-Line], Aviliable:http://www.acq.osd.mil/dsb/reports/defensesoftware.pdf

[Douglass, B. , 1999]   Douglass, B. (1999) Doing Hard Time; Developing Real-Time Systems with UML, Objects, Frameworks, and Patterns. Addison-Wesley, United
States of America. 749 p.

[Eyssautier, M., 2002]   Eyssautier De La Mora, Maurice (2002). Metodología de la Investigación: Desarrollo de la Inteligencia. 4 Ed. Thompsom Editores. México. 316 p.

[Fernández ,Luís., 2000]   Fernández Sanz, Luís (2000). El futuro de la ingeniería del software o ¿cuándo será el software un producto de ingeniería?, Novática, nº 145, mayo-Junio, 2000, p. 82 77 [On-Line], Aviliable: http://www.ati.es/novatica/2000/145/luifer-145.pdf

[Friesen, N.,2001]   Friesen, N. (2001). What are educational objects? Interactive learning environments, Vol. 9, No. 3, pp. 219-230.

[Friss de Kereki, I., 2003]   Friss de Kereki Guerrero., Inés (2003). Modelo para la Creación de Entornos de Aprendizaje basados en técnicas de Gestión del Conocimiento. Tesis Doctoral. Universidad Politécnica de Madrid. Madrid, España.

[García E. et al., 2002]   Garcia Roselló, E. et al. (2002)¿Existe una situación de crisis del software educativo? VI Congreso Iberoamericano de Informática Educativa. [On-Line], Aviliable:http://lsm.dei.uc.pt/ribie/docfiles/txt2003729185619paper-144.pdf

[Gómez, Galvis y Mariño, 1998]   Gómez Castro, R., Galvis Panqueva, A. y Mariño Drews, O. Ingeniería del software educativo con modelaje orientado por objetos: un medio para desarrollar micromundos interactivos. Informática Educativa, Uniandes – Lidie, Vol. 11, No 1,1998, pp.9-30.

[Gould, Boies y Ukelson. , 1997]   J. D. Gould, S. J. Boies y J. P. Ukelson. (1997) «How to design usable systems». En Handbook of
Human Computer Interaction, pp. 231-254. Elsevier Science, 1997. En Díaz, M, Montero, S & Aedo, I. (2005) Ingeniería Web y patrones de diseño. Universidad Carlos III Madrid. Prentice – Hall, Madrid. P 16.

[Hermans and De Vries,2006]   Hermans, H. and De Vries, F. (2006) Organizational scenario's for the use of learning objects. Learning Objects in practice 2. Stichting Digitale Universiteit. Netherlands

[Hurtado, Dougglas., 2007]	Hurtado Carmona, Dougglas, (2007). Análisis del desarrollo de competencias desde la enseñanza asistida por computador In: VI Encuentro iberoamericano de instituciones de enseñanza de la ingeniería XXVII Reunión ACOFI, 2007, Cartagena: El profesor de Ingeniería. Profesional de la formación de Ingenieros. p.112. ISSN 978-958-68005-5-6
[Hurtado y Neira, 1995]	Hurtado, Dougglas y Neira, Marlon. Software aplicativo para la enseñanza de la asignatura Sistemas Operacionales. Tesis de Grado. Universidad del Norte, Barranquilla, 1995. 248 p.
[Iglesias, C., 1998]	Iglesias, C. (1998).Definición de una metodología para el desarrollo de sistemas multiagentes. Tesis Doctoral, Universidad Politécnica de Madrid, España. 294 p.
[Kendall and Kendall., 1997]	Kendall, kenneth. Kendall, julie. (1997) Análisis y diseño de sistema. Pentice-hall. 913 p
[López Sánchez, 2010]	López Sánchez, Jesús et al. Probabilidad t o T de Student. Universidad Complutense de Madrid, españa. Dpto. de Matemática Aplicada. Proyecto de Innovación Educativa. Disponible en: http://e-stadistica.bio.ucm.es/glosario2/distr_student.html
[Mendoza, P., Galvis , A., 1999]	Mendoza B., Patricia. Galvis P., Alvaro. (1999) Ambientes virtuales de aprendizaje: una metodología para su creación. Revista Informática Educativa Vol. 12, No, 2, 1999. Uniandes - Lidie pp.295-317
[Milenkovic, 1997]	Milenkovic, Milan. Sistemas operativos, conceptos y diseño". Mc Graw Hill Hispanoamericana de España, 1997.
[MinEdu y Ciencia-GobEspañol, 2007]	Ministerio de Educación y Ciencia, Gobierno Español. (2007). Descartes. Software de apoyo gráfico estadístico. Consultado el 21 de mayo de 2007 en http://descartes.cnice.mec.es/Descartes1/index.html; http://recursostic.educacion.es/descartes/web/
[Montero, Díaz & Aedo, 2006]	Montero, Díaz, M, S & Aedo, I. (2006) ADM: Método de diseño para la generación de prototipos web rápidos a partir de modelos. XV Jornadas de Ingeniería del Software y Bases de Datos JISBD 2006 José Riquelme - Pere Botella (Eds) Ó CIMNE, Barcelona, 2006. [On-Line], Aviliable:http://www.dsic.upv.es/workshops/dsdm06/files/dsdm06-03-Montero.pdf
[Naranjo, 2005]	Naranjo, Fernando. (2005). Calidad de software. Escuela Universitaria Politécnica de Teruel.
[Nieto-Santisteban, 2001]	Nieto-Santisteban, María A. (2001). Ingeniería Web. Construyendo Web Apps. I Jornadas de Ingeniería Web' 01. [On-Line], Aviliable: http://www.informandote.com/jornadasIngWEB/articulos/jiw01.pdf

[Novática, 1996]	Anónimo. Si los programadores fueran albañiles... Novática, nº 124, noviembre-diciembre, 1996, p. 77 [On-Line], Aviliable: http://www.ati.es/novatica/1996/124/if124.html
[Pressman., 2002]	Pressman, Roger. (2002). Ingeniería del software: un enfoque práctico. 5 ed. México: McGraw-Hill. Madrid. 601 p.
[Sametinger, J. , 1997]	Sametinger, J. (1997) Software Engineering with Reusable Components. Berlin: Springer.
[Sanz, Aedo y Díaz., 2006]	Sanz, Daniel, Aedo, Ignacio y Díaz, Paloma (2006). Un Servicio Web de Políticas de Acceso Basadas En Roles para Hipermedia. [On-Line], Aviliable: http://www.ewh.ieee.org/reg/9/etrans/vol4issue2April2006/4TLA2_3Sanz.pdf
[Shaw, 1994]	Shaw, M., (1994). Prospects for an engineering discipline of software En: J. Marciniak (ed.), Software Engineering Encyclopedia, IEEE, 1994, pp. 930-940.
[Silberschatz, 2006]	Silberschatz. Abraham, Gagne Greg, Galvin Peter Baer. Fundamentos de sistemas operativos. 7a. ed. México, Mcgraw-hill, 2006.
[Stallings, 2005]	Stallings, William. Sistemas operativos: aspectos internos y principios de diseño . 5a. ed. Madrid, Pearson Educación, 2005.
[Stallings. 2001]	Stallings, William. Sistemas operativos: principios de diseño e interioridades. 4a. ed. Madrid, Pearson Educación, 2001.
[Tanenbaum, 2003]	Tanenbaum, Andrew S. Sistemas operativos modernos". 2a. ed. México, Pearson Educación, 2003.
[Vargas, M., 2007]	Vargas, María Leonor. Repositorios de Objetos de Aprendizaje. [On-Line]. Visitada 09/03/2007Aviliable:http://www.alejandria.cl/recursos/documentos/documento_varas.doc.
[Wiley, D., 2000]	Wiley, David.(2000). Learning Object Design and Sequencing Theory. Tesis doctoral no publicada de la Brigham Young University. Accesible en http://davidwiley.com/papers/dissertation/dissertation.pdf
[Wiley, D. 2001]	Wiley, D. (2001). Connecting learning objects to instructional design theory: A definition, a methaphor, and a taxonomy.
[Wiley, D. , 2006]	Wiley, D. (2006) R.I.P. ping on Learning Objects. [On-Line], Aviliable: http://opencontent.org/blog/archives/230

www.ingramcontent.com/pod-product-compliance
Lightning Source LLC
Chambersburg PA
CBHW080833170526
45158CB00009B/2560